冶金工业出版社

高职高专"十四五"规划教材

逆向工程技术与三维建模

主编　云　璐　邢　珂

北　京
冶　金　工　业　出　版　社
2024

内 容 提 要

本书以项目形式重点介绍了逆向工程技术与三维建模，综合归纳了逆向工程中的关键技术、手段和方法，突出基础性和实践性。本书内容主要包括逆向工程技术概述、三维数据采集与处理、逆向软件与应用——Geomagic Wrap、逆向软件与应用——Geomagic Design X、逆向案例实操与练习、逆向工程实例解析。

本书可作为高职高专院校机械、汽车、模具、工业设计及增材制造等相关专业的教材，也可供有关专业的工程技术人员参考。

图书在版编目(CIP)数据

逆向工程技术与三维建模/云璐，邢珂主编．—北京：冶金工业出版社，2024.2

高职高专“十四五”规划教材

ISBN 978-7-5024-9693-7

Ⅰ.①逆…　Ⅱ.①云…　②邢…　Ⅲ.①三维—工业产品—计算机辅助设计—高等职业教育—教材　Ⅳ.①TB472-39

中国国家版本馆 CIP 数据核字(2023)第 252499 号

逆向工程技术与三维建模

出版发行	冶金工业出版社	**电　　话**	(010)64027926
地　　址	北京市东城区嵩祝院北巷 39 号	**邮　　编**	100009
网　　址	www.mip1953.com	**电子信箱**	service@mip1953.com

责任编辑　杨　敏　美术编辑　吕欣童　版式设计　郑小利

责任校对　葛新霞　责任印制　窦　唯

北京印刷集团有限责任公司印刷

2024 年 2 月第 1 版，2024 年 2 月第 1 次印刷

787mm×1092mm　1/16；9.5 印张；225 千字；143 页

定价 37.00 元

投稿电话　(010)64027932　投稿信箱　tougao@cnmip.com.cn

营销中心电话　(010)64044283

冶金工业出版社天猫旗舰店　yjgycbs.tmall.com

（本书如有印装质量问题，本社营销中心负责退换）

前言

随着经济和科技的发展，越来越多的企业将逆向工程技术引入产品开发，逆向工程技术与三维建模目前已成为企业产品开发和创新的一种重要手段，被广泛应用于机械工程、汽车、家电、航空航天、生物医学、建筑和文化创意等行业和领域。企业对具备逆向设计知识及能力的高素质、高技能人才的需求也逐渐增多。

本书以项目形式重点介绍了逆向工程技术与三维建模，以必要的理论知识为依托，遵循“项目驱动、任务引领”的改革理念，以典型产品的快速开发为项目载体，依据产品开发流程设计任务，强化技术应用，将逆向基础知识与三维技术知识和技能糅合在一起，使学生可在短时间内掌握逆向设计与检测技术的基本知识，并具备应用该技术的基本能力。

本书的编写以校企合作模式为指导，邀请先临三维科技股份有限公司工程技术人员一起组建了教材编写团队，编写团队技术能力强、教学经验丰富。

本书由内蒙古机电职业技术学院云璐、邢珂担任主编，参加编写的还有先临三维科技股份有限公司张琛、内蒙古机电职业技术学院张宇和孙志娟。全书由云璐、邢珂统稿。

本书在编写过程中，参考了有关文献资料，在此向文献资料作者表示感谢！

由于编者水平有限，书中难免存在不足之处，敬请广大读者批评指正。

编　者

2023年6月

目　录

项目一

逆向工程技术概述

任务一　逆向工程技术

【任务导入】

某汽车零件加工厂需要加工某个配件，但是零件的原有配件加工图纸数据已损坏，而加工厂需要在非常有限的时间内生产和前批次零件相同的配件。这种情况下，通过哪些技术能够实现生产要求，如何完成?

一、认识逆向工程技术

随着工业的进步以及经济的快速发展，在消费者对产品高质量的要求下，产品功能上的要求已不再是赢得市场的唯一条件。产品不仅要具有先进的功能，还要有流畅、富有个性的产品外观，以吸引消费者的注意。流畅、富有个性的产品外观要求必然会使得产品外形由复杂的自由曲面组成。但是，在设计和制造中，传统的产品开发模式基于产品或构件的功能和外形，由设计师在计算机辅助设计软件中构造，很难用严密、统一的数学语言来描述这些自由曲面。

为适应先进制造技术的发展，需要将实物样件或手工模型转化为 CAD 数据，以便用快速成型（rapid prototyping，RP）系统、计算机辅助制造（computer aided manufacturing，CAM）系统和产品数据管理（product data management，PDM）的先进技术对其进行处理和管理，并进行进一步修改和再设计优化。这样，就需要一个一体化的解决方案：样品—数据—样品。逆向工程专门为制造业提供了一个全新、高效的重构手段，实现从实物到几何模型的直接转换。

逆向工程是近年来发展起来的消化、吸收先进技术的一系列分析方法以及应用技术的组合，其主要目的是改善技术水平，提高生产率，增强经济竞争力。世界各国在经济技术发展中，应用逆向工程消化吸收先进技术经验。据统计，各国 70%以上的技术源于国外，逆向工程作为掌握新技术的一种手段，可使产品研制周期缩短 40%以上，可以极大地提高生产率。

研究逆向工程技术，对我国国民经济的发展和科学技术水平的提高，具有重大的意义。20 世纪 90 年代初，逆向工程技术开始引起各国工业界和学术界的高度重视，特别是随着现代计算机技术及测量技术的发展，利用 CAD/CAM 技术、先进制造技术来实现产品实物的逆向工程，已成为 CAD/CAM 领域的一个研究热点，并成为逆向工程技术应用的主要内容。

逆向工程以产品设计方法学为指导，以现代设计理论、方法和技术为基础，运用各领域专业人员的工程设计经验、知识和创新思维，通过对已有产品进行数字化测量、曲面拟合重构产品的 CAD 模型，在探询和了解原设计意图的基础上，掌握产品设计的关键技术，实现对产品的修改和再设计，达到设计创新、产品更新及新产品开发的目的。

二、逆向工程概念

逆向工程思想来源于从油泥模型到产品实物的设计过程。20 世纪 90 年代初，在现代计算机技术及测试技术飞速发展的同时，逆向工程也发展成为一项以国内外先进产品、设备的实物为研究对象，以现代设计理论、人机工程学、计量学、计算机图形学和相关专业知识为基础，利用先进制造技术进行产品仿制及新产品开发的一种技术手段，最终实现对先进产品的认识、再现及创造性的开发。

逆向工程作为消化吸收已有先进技术并进行创新开发的重要手段，人们对其的理论研究和应用越来越多。通过综合利用 RE 技术和 CAD 技术，形状复杂产品的数字化建模质量和效率将大大提高，并且能够以较低的成本制造出原型产品，从而有力支持新产品的创新设计和快速开发。

逆向工程（reverse engineering，RE）又称反求工程或反向工程，是通过各种测量手段及三维几何建模方法，将原有实物转化为三维数字模型，并对模型进行优化设计、分析和加工的过程。设计师对产品实物样件表面进行数字化处理（数据采集、数据处理），并利用可实现逆向三维造型设计的软件来重新构造实物的三维 CAD 模型（曲面模型重构），并进一步用 CAD/CAE/CAM 系统实现分析、再设计、数控编程和数控加工。逆向设计通常是应用于产品外观表面的设计。

在工程技术人员的一般概念中，产品设计过程是一个从设计到产品的过程，即设计人员首先在大脑中构思产品的外形、性能和大致的技术参数等，然后在详细设计阶段完成各类数据模型，最终将这个模型转入到研发流程中，完成产品的整个设计研发周期。这样的产品设计过程我们称之为“正向设计”过程，如图 1-1（a）所示。

逆向工程产品设计可以认为是一个从产品到设计的过程。简单地说，逆向工程产品设计就是根据已经存在的产品，反向推出产品设计数据（包括各类设计图或数据模型）的过程，如图 1-1（b）所示。

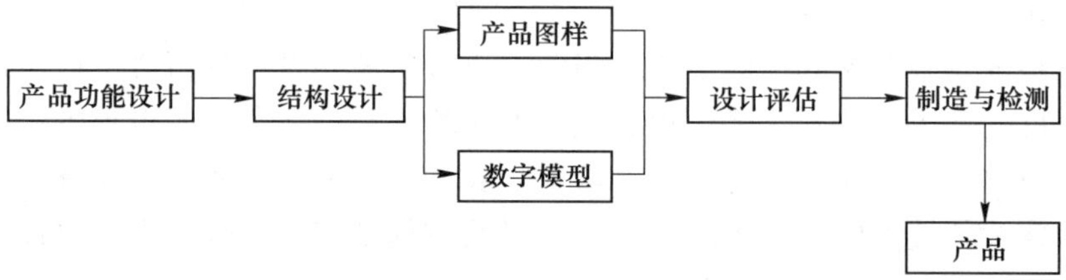

(a)

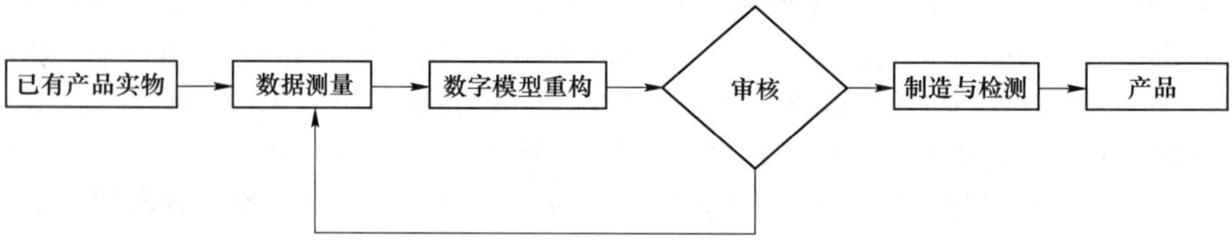

(b)

图 1-1　正向工程与逆向工程

三、逆向工程的工作流程

逆向工程需要先从现有零件中捕获数据，为此，可以根据零件的材料和尺寸使用各种扫描设备。扫描设备生成3D扫描数据并输出密集的三角形网格。3D扫描数据是三维尺寸的重要依据。在获得扫描的详细尺寸之后，根据目标产品可以进行三维数据的重构和模型的优化。此过程可能会因所使用的逆向工程软件而异，并可能需要辅助其他工具。模型完成后，即可制造。根据模型尺寸及其应用，对零件进行优化迭代，最终生成需要的产品。

在整个逆向工程工作流程中，样件的三维数据测量是基础和前提，测量数据的好坏直接影响到原型CAD模型重建的质量；数据处理是关键，从测量设备所获得的测量数据带有误差和噪声且数据量庞大，只有通过数据处理才能提高精度和曲面重建的算法效率；曲面重构最困难，其目的在于寻找某种数学表述形式，精确、简洁地描述一个给定的物理曲面形状，并以此为依据进行分析、计算、修改和绘制。

实物逆向工程的需求主要有两方面：一方面，作为研究对象，产品实物是面向消费市场最广、最多的一类设计成果，也是最容易获得的研究对象；另一方面，在产品开发和制造过程中，虽已广泛使用了计算机几何造型技术，但是仍有许多产品，由于种种原因，最初并不是由计算机辅助设计模型描述的，设计和制造者面对的是实物样件。为了适应先进制造技术的发展，需要通过一定途径将实物样件转化为CAD模型，再通过利用CAM、RPM/RT、PDM、CIMS等先进技术对其进行处理或管理。同时，随着现代测试技术的发展，快速、精确地获取实物的几何信息已变为现实。由此，可以将逆向工程定义为：逆向工程是将实物转变为CAD模型相关的数字化技术、几何模型重建技术和产品制造技术的总称。

逆向工程的过程大致分为：首先由数据采集设备获取样件表面（有时需要内腔）数据；其次导入专门的数据处理软件或带有数据处理能力的三维CAD软件进行前处理；然后进行曲面和三维实体重构，在计算机上复现实物样件的几何形状，并在此基础上进行修改或创新设计；最后对再设计的对象进行实物制造。其中从数据采集到CAD模型的建立是反求工程中的关键技术。图1-2所示为逆向工程领域应用最为广泛的工作流程图。

从逆向工程流程图可以看出，逆向工程系统主要由三部分组成：产品实物几何外形的数字化、数据处理与CAD模型重建、产品模型与模具的成型制造。组成系统的软硬件主要有：

（1）数据采集系统。数据获取是逆向工程系统的首要环节。根据测量方式的不同，数据采集系统可以分为接触式测量系统与非接触式测量系统两大类。接触式测量系统的典型代表是三坐标测量机，非接触式测量主要包括各种基于光学的测量系统等。

（2）数据处理与模型重建系统。数据处理与模型重建软件主要包括两类：一是集成了专用逆向模块的正向CAD/CAM软件，如包含Pro/Scan-tools模块的Pro/E、集成快速曲面建模等模块的CATIA及包含Pointcloudy功能的UG等；二是专用的逆向工程软件，典型的如Imageware、Geomagic Studio、Polyworks、CopyCAD、ICEMSurf和RE-Soft等。

（3）成型制造系统。成型制造系统主要包括用于制造原型和模具的CNC加工设备，以及生成模型样件的各种快速成型设备。根据不同的快速成型原理，包括光固化成型、选择性激光烧结、熔融沉积制造、分层实体制造、三维打印等，以及基于数控雕刻技术的减式快速成型系统。

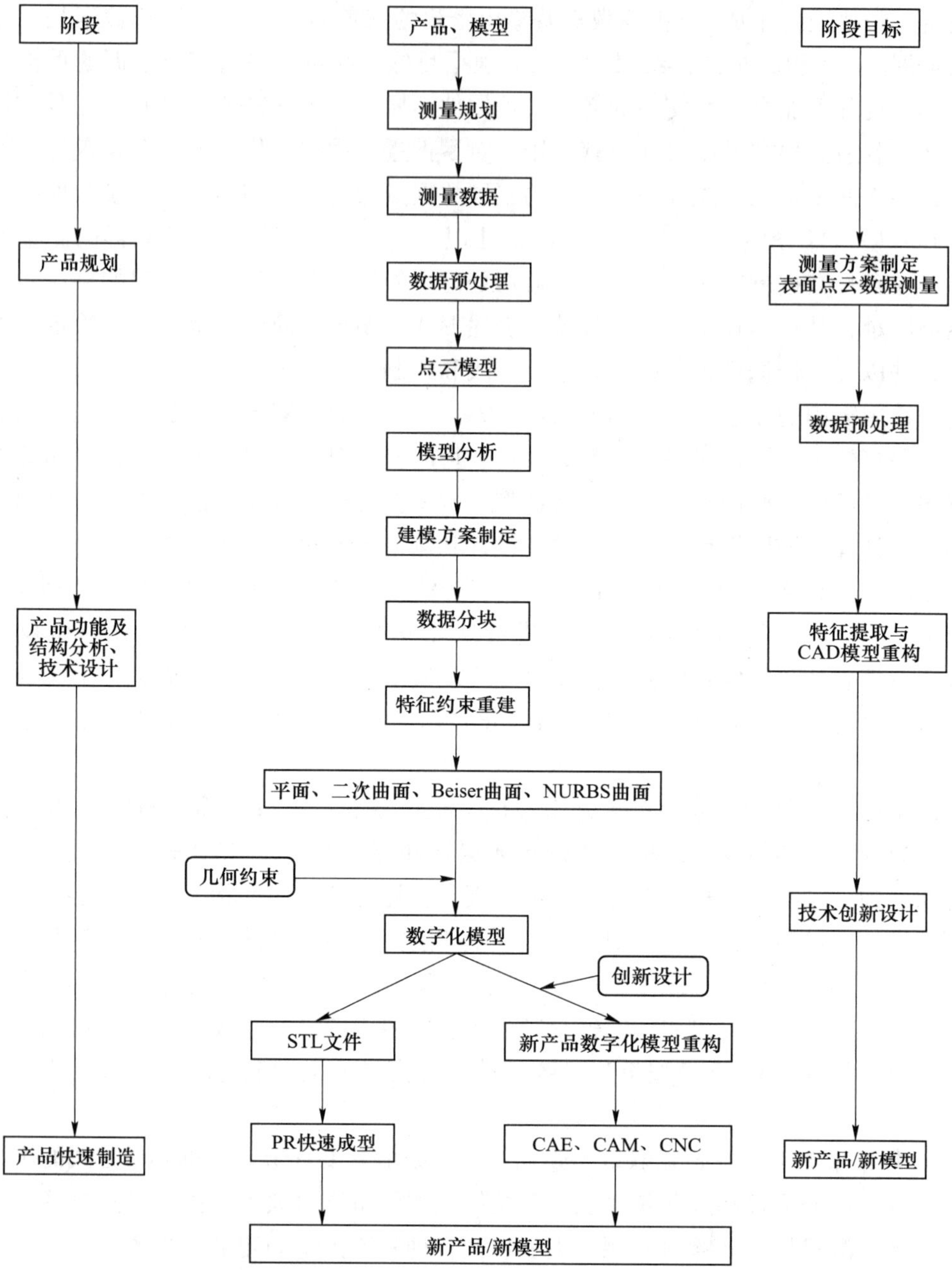

图 1-2　逆向工程的工作流程图

任务二　逆向工程的应用与创新设计

【任务导入】

逆向工程不是简单地将原有物体还原，它是在还原的基础上进行二次创新，这项技术取得了重大的经济和社会效益，其一般都应用于哪些领域？

一、逆向工程的应用

随着新的反求工程原理和技术的不断引入，逆向工程已经成为联系新产品开发过程中各种先进技术的纽带，在新产品开发过程中居于核心地位，被广泛地应用于摩托车、汽车、飞机、家用电器、模具等产品的改型与创新设计，成为消化、吸收先进技术，实现新产品快速开发的重要技术手段。逆向工程技术的应用对发展中国家的企业缩短与发达国家的技术差距具有特别重要的意义。据统计，发展中国家70%以上的技术源于国外，而应用逆向工程消化吸收先进技术经验，可使产品研制周期缩短40%以上，可极大提高生产率和竞争力。因此，研究逆向工程技术，对科学技术水平的提高和经济发展，具有重大意义。反求工程技术的应用主要集中在以下方面：

（1）在飞机、汽车、家用电器、玩具等产品开发中，产品的性能、动作、外观设计显得特别重要，这是因为设计过程通过模型信息与数字数据的转换能达到快速准确的效果。在对产品外形的美学有特别要求的领域，为方便评价其美学效果，设计师们广泛利用油泥、木头等材料进行快速且大量的模型制作，将所要表达的意图以实体的方式呈现出来。因而，产品几何外形通常不是应用CAD软件直接设计的，而是首先制作木质或油泥全尺寸模型或比例模型，再利用反求工程技术重建产品数字化模型。因此，逆向工程技术在此类产品的快速开发中显得举足轻重。

（2）由于工艺、美观、使用效果等方面的原因，人们经常要对已有的构件做局部修改。在原始设计没有三维CAD模型的情况下，将实物零件通过数据测量与处理，产生与实际相符的CAD模型，进行修改以后再进行加工，或者直接在产品实物上添加油泥等进行修改后再生成CAD模型，能显著提高生产效率。因此，逆向工程在改型设计方面可以发挥正向设计不可代替的作用。

（3）当设计需要制造通过实验测试才能定型的工件模型时，在工件模型定型后，通常采用逆向工程的方法进行设计。比如航天航空、汽车等领域，为了满足产品对空气动力学等的要求，首先要求在模型上经过各种性能测试建立符合要求的产品模型。此类模型必须借助逆向工程，转换为产品的三维CAD模型及其模具。

（4）在缺乏二维设计图样或者原始设计参数的情况下，需要在对零件原型进行测量的基础上，将实物零件转化为计算机表达的CAD模型，并以此为依据生成数控加工的NC代码或快速成型加工所需的数据，复制一个相同的零件，或充分利用现有的CAD、CAE、CAM等先进技术，进行产品的创新设计。

（5）一些零件可能需要经过多次修改才能定型。如在模具制造中，经常需要通过反复试冲和修改模具型面，方可得到最终符合要求的模具，而这些几何外形的改变却未曾反映在原始的CAD模型上。借助于逆向工程的功能和在设计、制造中所扮演的角色，设计者可以建立或修改在制造过程中变更过的设计模型。反求工程成为制造—检验—修正—建模—制造这一环节中重要的快速建模手段。

（6）某些大型设备，如航空发动机、汽轮机组等，经常因为某一零件的缺损而停止运行，通过逆向工程手段，可以快速生产这些零部件的替代零件，从而提高设备的利用率和使用寿命。

（7）很多物品很难用基本几何来表现与定义。例如流线型产品、艺术浮雕及不规则线条等，如果利用通用CAD软件以正向设计的方式来重建这些物体的CAD模型，在功能、速度及精度方面都将异常困难。这种场合下，必须引入逆向工程，以加速产品设计，降低开发的难度。应用反求工程技术，还可以对工艺品、文物等进行复制，可以方便地生成基于实物模型的计算机动画、虚拟场景等。

（8）在生物医学工程领域，人体骨骼、关节等的复制和假肢制造，特种服装、头盔的制造等，都需要首先建立人体的几何模型。采用反求工程技术，可以摆脱原来的以手工或者按标准制造为主的落后制造方法。通过定制人工关节和人工骨骼，保证重构的人工骨骼在植入人体后无不良影响。在牙齿矫正中，根据个人特点制作牙模，然后转化为CAD模型，经过有限元计算后确定矫正方案，大大提高矫正成功率和效率。通过建立数字化人体几何模型，可以根据个人定制特种服装（如宇航服）、头盔等。

（9）在RPM的应用中，逆向工程最主要的表现为：通过逆向工程，可以方便地对快速成型制造产品进行快速、准确的测量，找出产品设计的不足，进行重新设计，经过反复多次迭代可使产品完善。

（10）借助于工业CT，逆向工程不仅可以产生物体的外部形状，而且可以快速发现、定位物体的内部缺陷，从而成为工业产品无损检测的重要手段。

（11）产品制造完成以后，用反求工程方法测量出该产品的点云数据，与已有标准的CAD数据进行比较，分析误差，也称为计算机辅助检测。特别是在模具和快速成型等领域，工业界已用反求工程来定期地抽样检验产品，分析制造误差的规律，作为质量控制和分析产品缺陷的有力工具。

从反求工程的应用领域介绍可以看出，反求工程在复杂外形产品的建模和新产品开发中有着不可替代的重要作用。据资料报道和实例验证，应用反求工程技术后，产品的设计周期可以从几个月缩短为几周；反求工程也是支持敏捷制造、计算机集成制造、并行工程等的有力工具，是企业缩短产品开发周期、降低设计生产成本、提高产品质量、增强产品竞争力的关键技术之一。因而，这一技术已成为产品创新设计强有力的支撑技术。充分利用反求工程技术，并将其和其他先进设计和制造技术相结合，能够提高产品设计水平和效率，加快产品创新步伐，提高企业的市场竞争能力，为企业带来显著的经济价值。

二、逆向工程的创新设计

逆向工程被广泛地应用到新产品开发和产品改型设计、产品仿制、质量分析检测等领域，得益于起点低、成本低、周期短、易改型、易创新的优势，例如，用于汽车、摩托车等具有较复杂曲面外形产品的修复与改型设计中；用于设计与制造个性化的产品，如人体拟合、太空服装设计、假肢设计等；用于文物、艺术品的修复与再创作。在样件缺少图形文件时，可用逆向设计来生成图形文件，在快速原型制造中逆向设计可实现原型产品的快速准确建模并进行重新设计。逆向工程可对产品模型进行模拟和仿真，直接在已有先进产品的基础上，进行结构性能分析和设计模型重构、再设计优化和制造。

案例分享：福特 GT40 复原

在赛车文化中，存在着一些经典车型让赛车迷为之疯狂，福特 GT40 就是其中之一。从 1966 年到 1969 年，福特 GT40 主宰了赛车世界，人们至今还可以在众多纪录片和电影中重温这段历史。CP Tech 公司在赛车运动行业是独一无二的存在，拥有超过 20 年的成熟经验，Saurrer Historic Racing 则致力于改造和修复经典车辆，如 Bizzarrini、福特 GT40 或 Austin Healey 等著名品牌。

2020 年，先临三维德国团队和 Verisurf 公司也加入这个项目中，打造了一个整体的 3D 数字化方案，通过 3D 扫描、数字化三维检测和逆向工程等数字化技术实现了 GT40 的复原制造。

在经济全球化的压力下，国家、企业面临的竞争日趋激烈，市场竞争机制渗透到各个领域。充分利用已有的科技成果加以消化吸收与创新，进而发展自己的技术已经成为更快、更好发展科技和经济的普遍手段。

逆向工程是实现创新设计的重要途径。由于技术保密，要获得产品图样、技术文件、工艺技术等资料几乎不可能，当然购买转让除外。产品实物作为商品，是最容易获得的一类研究对象。在只有产品原型或实物模型的条件下，可以基于产品实物，采用逆向工程技术对产品零件进行生产制造，除实现对原型的仿制外，还可通过重构产品零件的 CAD 模型，在了解原设计技术的基础上，实现对原型的修改和再设计，达到设计创新、产品更新的目的。

据统计，各国 70% 以上的技术都是来自于外国，要掌握这些技术，正常的途径都是通过逆向工程。实际上任何产品问世，不管是创新、改进还是仿制，都蕴含着对已有科学、技术的继承、应用和借鉴。第二次世界大战后，日本通过仿制美国和欧洲的产品，在采取各种手段获取先进的技术和引进消化吸收的基础上，建立了自己的产品创新设计体系，使经济迅速崛起，成为仅次于美国的制造业大国。

目前，我国一些企业对建立于技术引进基础上的逆向工程重视还不够，多数企业把技术设备的引进仅仅看作是提高产品技术含量或者增加产品种类的方式，没有考虑技术引进与逆向工程的结合对技术水平的提升，也没有从更高的战略高度来考虑技术引进问题。

逆向工程是制造业实现快速产品创新设计的重要途径，实物原型的再现仅仅是逆向工程的初步阶段，在此基础上进行的基于原型的再设计、再提高，从而实现重大改型的创新设计，才是逆向工程的真正意义和价值所在。通过逆向工程，在先进技术的基础上，建立和掌握自己的产品开发设计技术，进行产品的创新设计，即在仿制的基础上进行改进创新，是提高我国制造业水平的必由之路。

面向创新设计的逆向工程是一个认识原型-再现原型-超越原型的过程，也是一种综合运用多种先进技术，以实现创新、提高产品设计品质为最终目的的新的设计方法，如图 1-3 所示。

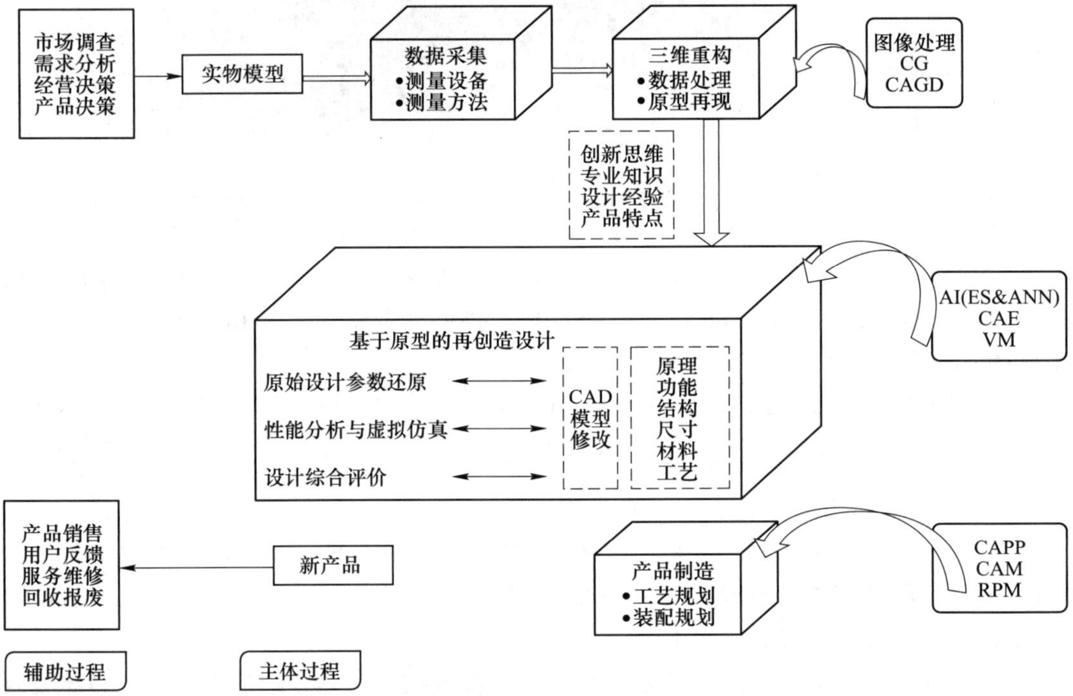

图 1-3　逆向创新设计流程

运用设计人员的创新思维、设计经验和专业知识，通过对重构产品模型进行原始设计参数还原、性能分析及虚拟仿真、设计综合评价后，根据产品特点在功能、原理、结构、尺寸、工艺、材料等各方面加以改进提高，从而实现真正的创新设计。

任务三　逆向工程技术的发展

【任务导入】

逆向工程技术作为一种非常高效的产品设计思路和方法，可以迅速、精确、方便地获得实物的三维数据及模型，为先进的产品开发、设计及制造提供技术支撑。它改变了传统产品设计开发模式，大大缩短了产品开发的时间周期，提高了产品研发的成功率。

逆向工程在数据处理、曲面处理、曲面拟合、规则特征识别、专用商业软件和三维扫描仪的开发等方面已取得非常显著的进步。但在实际应用中，缺乏明确的建模指导方针，整个过程仍需大量的人工交互，操作者的经验和素质影响着产品的质量，自动重建曲面的光顺性难以保证，对建模人员的经验和技术技能依赖较重，而且目前使用的逆向工程 CAD 建模软件大多仍以构造满足一定精度和光顺性要求的 CAD 模型为最终目标，没有考虑到产品创新需求。因此逆向工程技术依然是目前 CAD/CAM 领域一个十分活跃的研究方向。

逆向工程 CAD 建模的研究经历了以几何形状重构为目的逆向工程 CAD 建模、基于特征的逆向工程 CAD 建模和支持产品创新设计的逆向工程 CAD 建模三个阶段。以现有产品为原型，还原产品设计意图，注重重建模型的再设计能力已成为当前逆向工程 CAD 建模研究的重点。各发展阶段的特点如下：

（1）以几何形状重构为目的的 CAD 建模。在当前的一些比较常用的以几何形状重构为目的的逆向工程 CAD 建模软件中，仍以构造满足一定精度和光顺性要求，与相邻曲面光滑拼接的曲面 CAD 模型为最终目标。

以几何形状重构为目的的逆向工程 CAD 建模方法对于恢复几何原型是有效的，但建模过程复杂，建模效率低，交互操作多，难以实现高精度产品的精确建模。而且这种建模方法缺乏对特征的识别，丢失了产品设计过程中的特征信息，与产品的造型规律不相符合，无法表达产品的原始设计意图。因此，这种建模方法和模型表示对于表达产品设计意图和创新设计是不适宜的。

（2）基于特征的 CAD 建模。基于特征的逆向工程 CAD 建模是将正向设计中的特征技术引入逆向工程形成的一种 CAD 建模思路，通过抽取蕴含在测量数据中的特征信息，重建基于特征表达的参数化 CAD 模型，表达原始设计意图。该方法具有的优势为：1）表达了原始设计信息，可以重建更为精确的 CAD 模型，提高 CAD 模型重建的效率；2）特征包含了高层次的表达产品设计意图的工程信息，通过对特征参数的修改和优化，可以得到不同参数的系列化新产品 CAD 模型，从而加快新产品的开发速度。

基于特征的模型重建研究主要集中在特征识别，包括边界线和曲面特征，研究对象主要是规则特征，在 CAD 模型重建方面，都存在着这样一个缺陷，即将模型重建分割为孤立的曲面片造型，忽略了产品模型的整体属性。

（3）支持产品创新设计的 CAD 建模。从应用领域来看，逆向工程的应用可分为两个目标：原型复制和设计创新。对于复杂曲面外形产品的逆向工程 CAD 建模而言，其主要目的不是对现有产品外形进行简单复制，而是要建立产品 CAD 模型，进而实现产品的创新设计。具备进一步创新功能的逆向工程包含了三维重构与基于原型的再设计，真正体现了现代逆向工程的核心与实质。

要进行基于原型或重建 CAD 模型的再设计，逆向工程 CAD 建模应满足以下要求：

1）满足内部结构要求，反映产品原始设计意图。

2）模型可方便地进行修改。逆向工程作为吸收和消化现有技术的一种先进设计理念，其意义不仅仅是仿制，而应该从原型复制走向再设计。简而言之就是以现有产品为原型，对逆向工程所建立的 CAD 模型进行改进得到新的产品模型，实现产品的创新设计。CAD

模型是实现创新设计的基础，还原实物样件的设计意图，注重重建模型的再设计能力是当前逆向工程 CAD 建模研究的重点。三维重建只是实现产品创新的基础，再设计的思想应始终贯穿于逆向工程的整个过程，将逆向工程的各个环节有机结合起来，集成 CAD/CAE/CAM/CAPP/CAT/RP 等先进技术，使之成为相互影响和制约的有机整体，并形成以逆向工程技术为中心的产品开发体系。

理解设计意图、识别造型规律是逆向工程 CAD 建模的精髓，支持创新设计是逆向工程的灵魂。但从目前的发展水平来看，现有的技术还远不能支持这种高层次的逆向工程需求。目前根据测量数据点云生成曲面模型，在模型分割与特征识别方面是公认的薄弱环节，并且缺乏创新设计手段。在这种情况下，从数字化测量数据点云的区域分割及特征识别入手，理解原有产品的设计意图，建立便于产品创新设计的 CAD 模型，就显得十分迫切。

在人员素质要求方面，逆向工程技术的应用仍是一项专业性很强的工作，各个过程都需要专业人才，需要经验丰富的工程师，特别是对三维模型重建人员有更高的要求，除需了解产品特点、制造方法和熟练使用 CAD 软件、逆向造型软件外，还应熟悉上游的测量设备，甚至必须参与测量过程，以了解数据特点，另外还应了解下游的制造过程，包括制造设备和制造方法等。

从目前来看，逆向工程技术尚有诸多问题需要进一步探讨和研究，主要包括以下几个方面：

（1）发展面向工程应用的专用测量系统，使之能高速、高精度地实现实物数字化，并能根据样件几何形状和后续应用选择测量方式及路径，能进行路径规划和自动测量。

（2）以数据点云隐含的特征和约束等几何信息的自动识别和推理为出发点，进一步研究复杂曲面离散数据点云的几何理解，建立基于特征的反求建模的指导性图解，减少逆向工程 CAD 建模中的交互操作，降低设计人员的劳动强度。

（3）针对特定的应用领域如汽车设计、人体建模等，制定基于模板匹配或定制的自动化反求建模策略，对其中的自由形状特征建立参数化表达形式，实现真正的基于参数匹配的特征重构。

（4）发展基于集成的逆向工程技术，包括测量技术、基于特征和集成的模型重建技术、基于网络的协同设计和数字化制造技术等。

（5）将参数化技术引入到反求工程当中，建立参数化的反求工程模型，以方便模型的修改。同时与主流商业 CAD/CAM 软件无缝集成，充分发挥后者强大功能。

（6）研究基于特征分割和约束驱动的精确变形技术，提高逆向工程重建 CAD 模型的改型设计和创新设计能力。

项目练习

1-1　什么是逆向工程，它与正向工程有何区别和联系？

1-2　简述逆向工程的工作流程。

1-3　简述逆向工程的应用领域。

项目二

三维数据采集与处理

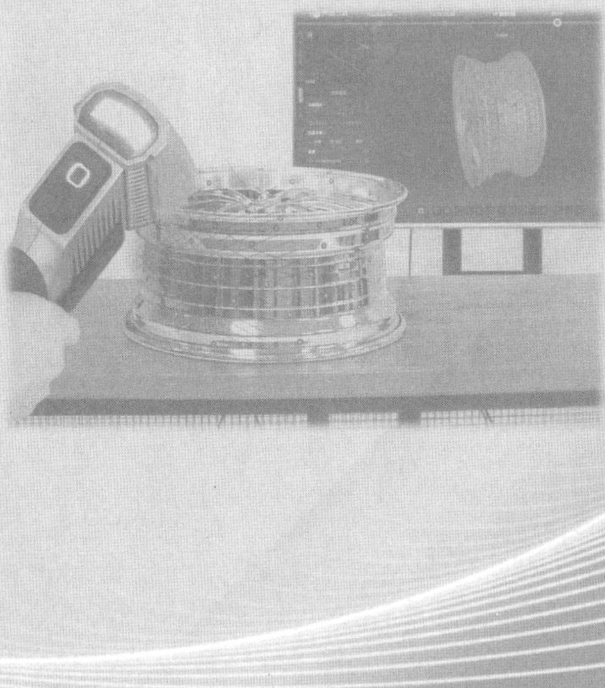

任务一　三维扫描采集系统

【任务导入】

在日常生活中随时都会接触到各种实体，而利用一般的技术手段如照相机、平面扫描仪等获得的都是物体的二维信息。但在诸多领域如产品设计、工业检测、实物仿形、生物医学等仅仅用物体的二维信息是满足不了要求的，因此如何获得物体的三维数据并将其转化为计算机可以直接处理的三维模型是关键，而三维扫描技术的出现使得这一问题迎刃而解。三维扫描仪就是针对三维信息领域的发展而研制开发的计算机输入信息的前端设备。只需对任意实际物体进行扫描，就能在电脑上得到实物的三维图像和物体真实的色彩。

三维激光扫描技术，又称为实景复刻技术，是通过高速激光扫描测量的方法，大面积、高分辨率地快速获取物体表面各个点的坐标、反射率、颜色等信息，将实物的立体信息转换为计算机可处理的数字信号，由这些大量、密集的点信息可快速复建出 1∶1 的真彩色三维模型，为复建出被测目标的三维模型提供了方便快捷的手段。它所采用的是光学原理和计算机图像处理技术，其优点在于整个测量过程都是在无接触的情况下进行的，不仅节省了人力成本，也能避免对文物或者其他贵重物品等产生破坏，还能将测量范围扩展到人员无法到达的环境中。

形状表面数据采集是逆向工程的第一步工作，逆向工程技术的实施必须以数字化测量设备的输出数据为基础，只有在得到需要进行逆向设计的实体的表面三维信息后，才能实现模型检测、复杂曲面重建、评价和制造等后续工作。而逆向工程测量得到的数据质量直接影响对被测实体描述的精度和完整程度，进而影响重构的 CAD 曲面、三维实体模型的质量，并最终影响整个工程的进度和质量。因此，数据采集是整个逆向工程技术实施的基础，也是逆向工程中的关键技术之一。目前，用来采集物体表面数据的测量设备和方法多种多样，其原理也各不相同。测量方法的选用是逆向工程中一个非常重要的问题，不同的测量方式，不但决定了测量本身的精度、速度和经济性，还决定了测量数据类型及后续处理方式的不同。

一、三维扫描仪的分类

常用的三维扫描仪根据传感方式的不同，以及测量探头是否接触零件表面，物体表面数字化数据采集方法可分为接触式（contact）采集方法和非接触式（non-contact）采集方法两大类，如图 2-1 所示。接触式测量是在测量时与被测物体相接触的测量方法；非接触式测量则指在测量时与被测物体不接触的测量方法。接触式测量根据测头原理的不同，可分为基于力的变形原理的触发式和连续式。触发式测量主要适用于型面比较规则或自由曲面不太多且不太复杂的物体的数据采集；连续式测量主要适用于复杂的曲线、曲面和齿形状物体的数据采集。非接触式测量按其原理不同，分为光学式和非光学式，其中，光学式测量包括激光三角法、结构光法、激光干涉法、激光衍射法等。这些方法都有各自的特点和应用范围，具体选用何种测量方法和数据处理技术应根据被测物体的形体特征和应用来决定。目前，还没有找到一种适用于所有工业设计的逆向测量方法。

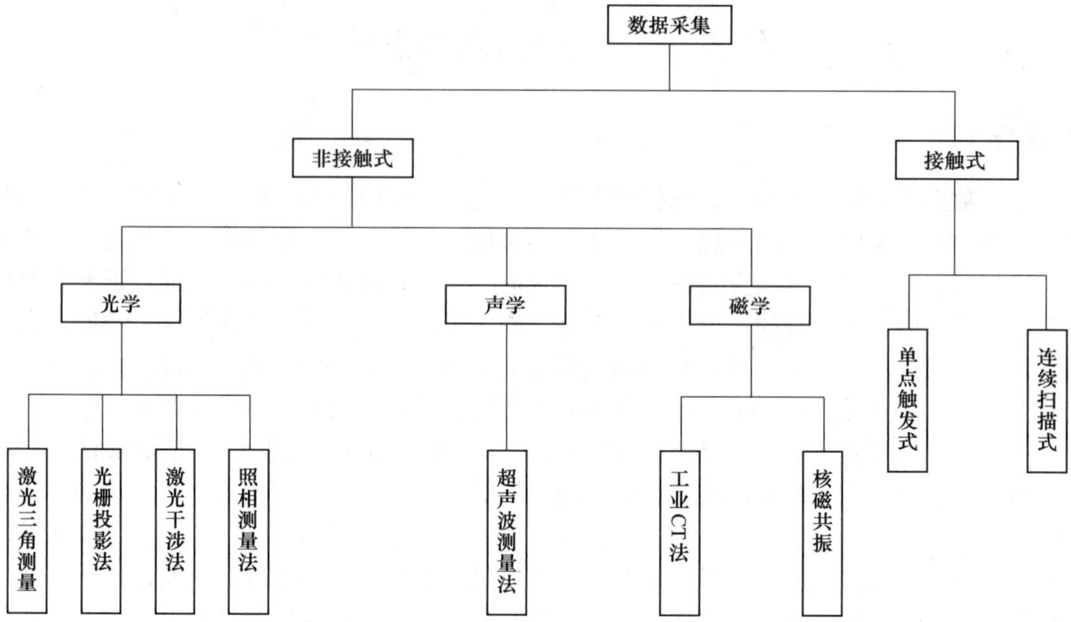

图 2-1　数据采集方法

（一）接触式数据采集方法

该法采用探测头直接接触物体表面，通过探测头反馈回来的光电信号转换为数字面形信息，从而实现对物体面形的扫描和测量，主要以三坐标测量机为代表。

接触式测量具有较高的准确性和可靠性；配合测量软件，可快速准确地测量出物体的基本几何形状，如面、圆、圆柱、圆锥、圆球等。其缺点是：测量费用较高，探头易磨损，测量速度慢；检测一些内部元件有先天的限制，故欲求得物体真实外形则需要对探头半径进行补偿，因此可能会导致修正误差的问题；接触探头在测量时，接触探头的力将使探头尖端部分与被测件之间发生局部变形而影响测量值的实际读数；由于探头触发机构的惯性及时间延迟而使探头产生超越现象，趋近速度会产生动态误差。

接触式数据采集方法主要有两种，即基于力触发原理的触发式数据采集和基于模拟量开关探头的连续扫描数据采集。

（1）触发式数据采集方法。触发式数据采集采用触发式探头，当测头的探针与样件的表面接触时，由于探针尖变形触发采样开关，数据采集系统即可记下探针尖（测量球中心点）的当时坐标，探针沿样件表面轮廓逐点移动，就能采集到完整的样件三维数据。

（2）连续式数据采集方法。连续式数据采集的探头采用模拟量开关，模拟式探头与样件的表面接触时会产生侧向位移，经可变线圈感应，会产生相对的电压变化，此模拟电压变化信号转换成数字信号送入处理器，探针沿样件表面轮廓移动，就能采集到完整的样件的表面轮廓数据。由于这种方法的数据采集过程是连续的，测量速度比触发式探头快许多倍，采样精度也较高。但使用模拟式探头时必须保持实时与样件的接触，测量过程中不能中途离开样件表面。这种测量适用于曲率变化平滑的样件表面。由于与样件的接触力较小，可以用小直径的探针去扫描具有细微部分或由较软材料制作的模型。

（二）非接触式数据采集方法

非接触式数据采集方法主要是利用光学、声学、磁学等学科的基本原理，将一定的模拟量转化为被测模型表面的坐标点。该方法包括激光扫描三角法、莫尔轮廓法、光栅投影法、照相测量法和工业 CT 法等，其中激光扫描三角法是逆向工程中复杂曲面数据采集应用最广泛的方法。

（1）激光扫描三角法。其原理是将激光束照射到被测物体上，用 CCD 得到漫反射光成像点，根据光源点、被测物体表面反射点和 CCD 上的成像点之间的三角关系，从而计算出被测物体表面某点的三维坐标。

三角法的优点是速度快并且不与被测工件表面接触。因此，适合测量尺寸较大、外部曲面复杂的零件。随着先进技术的不断发展，激光扫描三角法将成为应用最为广泛的方法之一。

（2）光栅投影法。其原理是利用投影仪将光栅影线投影到被测物体的表面，光栅影线受到被测样件表面高度变化的影响而发生变形，通过解调变形的光栅影线可以计算出被测样件表面高度值，再通过解码即可确定被测件的三维坐标。

光栅投影法的优点是测量精度高，范围大，速度快，成本低，操作方便；缺点是只能测量表面曲率变化不大的物体，对于表面形状有突变的物体，光栅影线在陡峭处经常会发生相位突变，从而影响测量精度。

（3）照相测量法。其原理是用一个或多个照相机，从不同方向拍摄被测物体三幅以上的照片，利用交会原理和模式识别，计算出各个特征点，进而综合计算出物体表面三维曲面轮廓。

照相测量法的优点是测量范围大，速度快，可以测量复杂曲面，不受环境的影响；其缺点是在对物体轮廓边界进行测量时，精度较低。

（4）超声波测量法。其原理是利用超声波脉冲在与被测物体的两种介质交界表面处发生的回波反射，通过检测零点脉冲与回波之间的时间间隔，即可计算出被测物体各面到零点的距离。

超声波测量法设备简单，成本低，但是测量速度慢，测量精度较低且容易受物体材料及表面特性的影响。由于超声波在高频下的方向性很好，它在三维扫描测量中的应用研究已成为热点。

（5）工业 CT 法。其原理是以被测物体对 X 射线的衰减系数为基础，通过用 X 射线逐层扫描被测物体，然后用数学方法经过计算机处理而重建各个断层的图像，最后得到完整的三维图像。

CT 测量法的优点是能同时测量物体的内外表面，并且不需要其他处理措施，即可获得精度高、数据密集的 STL 模型。但它测量速度慢，重建三维图像的计算量比较大。

接触式测量与非接触式测量广泛应用在工件质量检测、工装检测和逆向工程中，这两种测量方式在逆向工程中也最为常用，且各有特色，表 2-1 总结了激光扫描仪非接触测量和三坐标测量机接触测量的技术特点。

表 2-1　激光扫描仪非接触测量和三坐标测量机接触测量的技术特点

技术特点	激光扫描仪	三坐标测量机
测量方式	非接触式	接触式（接触压力 150g 以上）
测量精度	10~100μm	1μm
传感器	光电接收器件	开关器件
测量速度	1000~12000 点/s	人工控制（较慢）
前置作业	需喷漆，无基准点	设定坐标系统，校正基准面
工件材质	无限定	硬质材质
测量死角	光学阴影处及光学焦距变化处	工件内部不易测量
误差	随曲面变化大	部分失真
优势	（1）测量速度快，曲面数据获取容易； （2）不必做探头半径补偿； （3）可测量柔软、易碎、不可接触、薄件、变形细小的工件； （4）无接触力，不会伤害精密表面	（1）精度较高； （2）可直接测量工件的特定几何特征
缺点	（1）测量精度较差，无法判别特定几何特征； （2）激光无法照射到的地方无法测量； （3）工件表面与探头表面不垂直，则测量误差变大； （4）工件表面的明暗程度会影响测量的精度	（1）须逐点测量，速度慢； （2）测量前须做半径补偿； （3）接触力大小会影响测量值； （4）接触力会造成工件及探头表面磨耗，影响光滑度； （5）倾斜面测量时，不易补偿半径，精度难保证

三维扫描仪（3D scanner）是一种科学仪器，用来侦测并分析现实世界中物体或环境的形状（几何构造）与外观数据（如颜色、表面反照率等性质）。搜集到的数据常被用来进行三维重建计算，在虚拟世界中创建实际物体的数字模型。这些模型具有相当广泛的用途，但凡工业设计、瑕疵检测、逆向工程、机器人导引、地貌测量、医学信息、生物信息、刑事鉴定、数字文物典藏、电影制片、游戏创作素材等都可见其应用。

随着计算机机器视觉这一新兴学科的兴起和发展，用非接触的光电方法对曲面的三维形貌进行快速测量已成为大趋势。这种非接触式测量不仅避免了接触测量中需要对测头半径加以补偿所带来的麻烦，而且可以实现对各类表面进行高速三维扫描。

二、三维扫描仪的原理

拍照式三维扫描仪是一种高速高精度的三维扫描测量设备，应用的是目前国际上最先进的结构光非接触照相测量原理。其采用的是一种结合结构光技术、相位测量技术、计算机视觉技术的复合三维非接触式测量技术。它采用白光光栅扫描，以非接触三维扫描方式工作，全自动拼接，具有高效率、高精度、高寿命、高解析度等优点，特别适用于复杂自由曲面逆向建模，主要应用于产品研发设计（RD，比如快速成型、三维数字化、三维设计、三维立体扫描等）、逆向工程（RE，如逆向扫描、逆向设计）及三维检测 CAV，是产品开发、品质检测的必备工具。三维扫描仪在部分地区又称为激光抄数机或者 3D 抄数机。

拍照式光学三维扫描仪，其结构原理主要由光栅投影设备及两个工业级的 CCD Camera 所构成，由光栅投影在待测物上，并加以粗细变化及位移，配合 CCD Camera 将所撷取的数字影像通过计算机运算处理，即可得知待测物的实际 3D 外形。

拍照式三维扫描仪采用非接触白光技术，避免对物体表面的接触，可以测量各种材料的模型，测量过程中被测物体可以任意翻转和移动，对物件进行多个视角的测量，系统进行全自动拼接，轻松实现物体 360°高精度测量，并且能够在获取表面三维数据的同时，迅速地获取纹理信息，得到逼真的物体外形，能快速地应用于制造行业的扫描。

双目结构光三维扫描仪采用的是基于相位转移结构光的三维重建技术，在物体表面投射光栅后，由两摄像机拍摄产生畸变的图像，利用相位解码获取每一点的相位信息，再结合极线几何约束关系实现两幅图像上点的匹配，最后根据标定结果，利用三角法计算点的三维坐标，以实现物体表面三维轮廓的测量，并结合彩色纹理模块获取物体表面对应空间信息的彩色纹理信息。

任务二　三维扫描预处理

【知识导入】

三维数据扫描是借助三维测量设备将实物的表面数字化，是逆向工程实现的基础和关键之一，为保证扫描数据的完整性和精度性，在使用三维扫描仪测量之前应该注意些什么？

一、相对稳定的环境

三维扫描仪在工作状态下需要确保处于一个相对稳定的环境中，而其中以确保外界的环境光不对扫描仪的使用产生影响为主。此外，还需要确保扫描仪在扫描的过程中保持静止，即扫描仪和扫描件之间不能有相对的位移。使用时需要保证这两方面的稳定性从而确保扫描仪的整体系统能够正常、稳定地采集数据。所以，对于扫描仪厂家而言，能提供一个稳定的外界环境的检测提示机制就显得比较重要了。目前，多数扫描仪已经配备了此项功能，从而能提高采集数据的可靠性。

二、采集物体表面处理

（一）三维扫描预处理技巧——喷粉

由于三维扫描仪采集的是物体表面的数据，所以在扫描的工作开始前，通常需要对被扫描样件进行评估，从而开展扫描前的准备。我们也经常会听到工程师说，某个样件需要先喷粉处理。那么，哪些被扫描物体需要在扫描前做喷粉处理，又该如何喷粉，喷粉之后对精度是否有影响？

光学扫描仪的原理是扫描设备投射特定光线到被测物体表面，物体将光线反射后由扫描设备的相机接收，再经由扫描软件的特殊算法在软件中重现被测物体的三维数据。因此，扫描设备可以接收到被测物体的反射光线是获取三维数据的必要因素。

为了更好地扫描出物体的三维特征，减少光线的干扰，保证数据的准确程度，遇到暗黑色、高反光、透光的材质，扫描前都需要使用显像剂。显像剂的作用是在被扫描物体表面附着一层白色的粉末从而改变暗黑色、高反光和透光材质的表面属性，利于光学扫描仪高质量的数据获取。结构光扫描技术原理如图 2-2 所示。

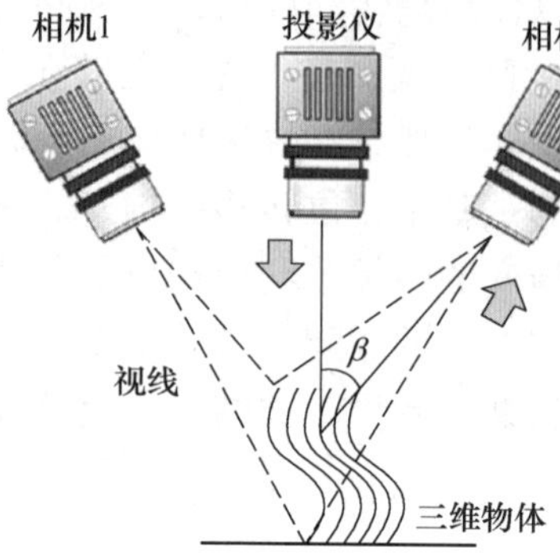

图 2-2　结构光扫描技术原理

黑色的物体对于光的吸收很大，对于光的反射率很低，因此，对于暗黑色物体，在不经处理的情况下，扫描设备获取到的反射光线很有限，无法正确建立三维模型。

目前，市面上名叫 Black 2.0 的颜料，可以吸收 99.9%的光线。我们可以通过对比图看一下不同的吸光率对于光线反射的区别，如图 2-3 所示。

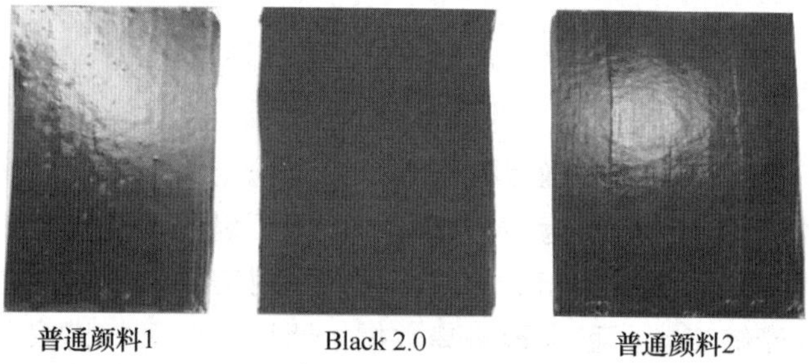

图 2-3　对比图

高反光物体由于表面光滑产生镜面反射，反射光线角度特定，无法保证扫描设备的相机可以同时获取，“入射—反射”完整链条的缺失，导致无法实现三维数据的重建。

透光材质属性决定了光大部分会直接通过材质折射，扫描设备无法捕捉到反射的光线。

那么如何喷粉呢？目前，喷粉方式主要有手动喷涂和自动喷涂，其中手动喷涂是指手持显像剂喷瓶，长按喷嘴，将显像剂喷涂在工件表面，通过手持角度以及滑动速度控制喷涂效果，对于技术要求较高，使用适应性更广，这里我们主要介绍手动喷涂方式。

喷粉操作流程（图 2-4）如下：

（1）在喷粉前做好个人防护工作，戴好防尘口罩、护目镜、手套，并选择空旷、不影响他人的场地。

（2）喷显像剂前，需要先摇匀显像剂，使得显像剂粉末充分溶解。

（3）喷显像剂时，在距离喷涂工件15~20cm左右位置，长按喷嘴匀速划过工件表面，来回喷涂直至覆盖整个工件。注意喷涂过程中由于液体覆盖在工件表面还未挥发，直接用手接触工件会留下指纹而影响后续扫描数据效果，建议佩戴橡胶手套或等液体挥发、干燥后再触碰工件。

（4）喷涂完成后，显像剂应均匀覆盖工件，表面平滑。

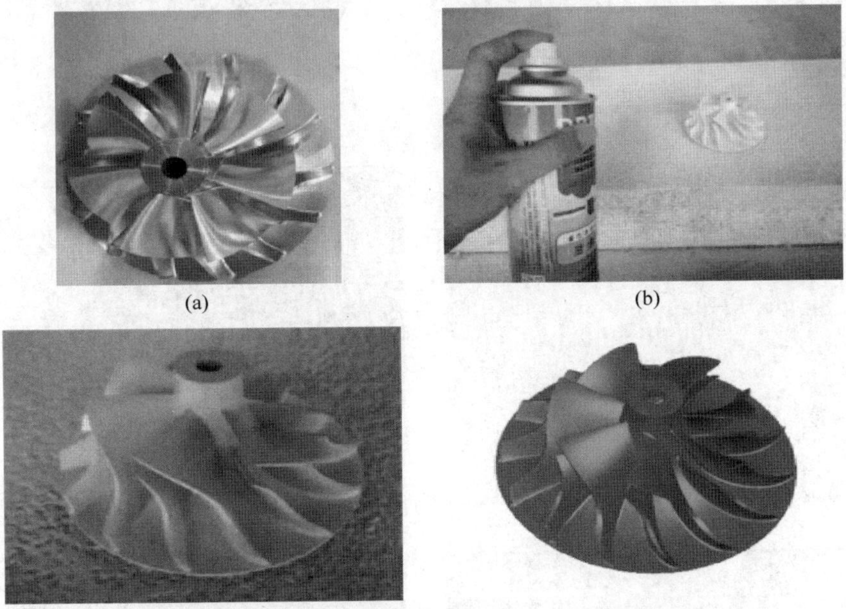

(a)　(b)　(c)　(d)

图2-4　喷粉操作流程

（a）高反光工件；（b）喷粉过程；（c）喷完效果；（d）扫描数据效果

喷粉注意事项如下：

（1）喷粉前应摇匀显像剂，避免粉末因未溶解而成颗粒状影响扫描数据质量；冬天由于温度过低粉末无法充分溶解，而造成喷涂在工件表面颗粒很多，可以适当加热显像剂，如将显像剂瓶放入温水中或用吹风机稍微加热使粉末充分溶解；

（2）喷涂速度应均匀，避免工件因显像剂喷涂不足而影响扫描数据；

（3）喷涂距离不宜过近，喷涂过程应滑动喷涂，须避免太近或同一位置喷涂太多显像剂而形成积液，影响数据精度。

喷粉对比图如图2-5所示。

考虑到检测中对于精度具有高要求，喷上一层显像剂对于精度是否有影响？为了验证这个问题，我们对于常用的DPT-5和钛粉进行了测试。

以OKIO-5M为测试设备，分别对陶瓷块多次喷涂DPT-5/钛粉来测试喷显像剂对精度的影响。经测试得到以下结果：

（1）喷不同显像剂对尺寸影响不同，钛粉对结果影响最小，扫描精度要求比较高的样件推荐喷钛粉。

（2）钛粉喷一次尺寸增加1~2μm，喷DPT-5一次尺寸增加5~6μm。

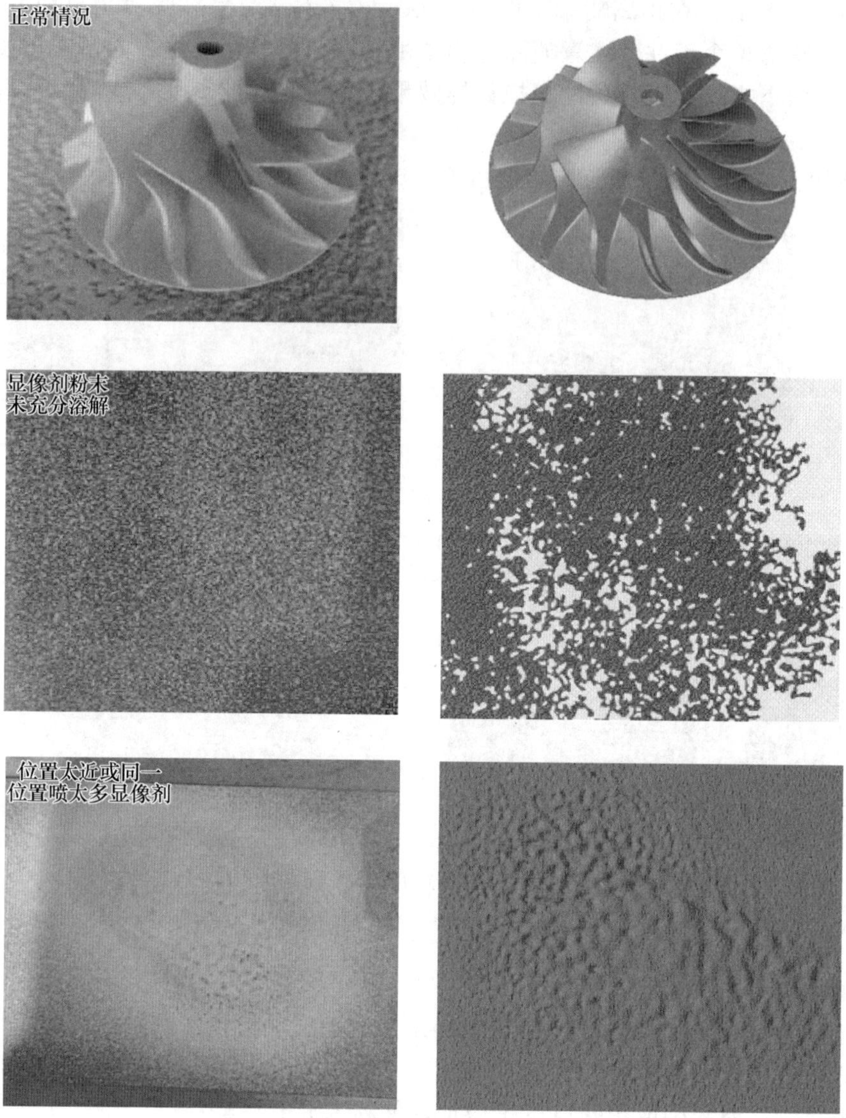

图 2-5　喷涂对比图

（二）三维扫描预处理技巧——贴点

在三维扫描中，最常见的预处理是喷粉和贴点，这看似简单，但操作不当将直接影响扫描结果。如何正确贴点，碰到难以贴点的小型工件时该如何操作？在实际贴点中，根据工件的特征，遇到的贴点情况主要有两大类：一类为可以直接将标志点粘贴在工件表面；另一类为标志点无法直接粘贴，需要进行“借助”贴点。

1. 标志点可直接粘贴于工件表面

大部分工件可以直接粘贴标志点，扫描过程中标志点相对于工件位置不变，扫描仪和工件可以相对移动，拼接精度有保障。在这种情况下，贴点只要遵循粘贴规范即可，如图 2-6 所示。

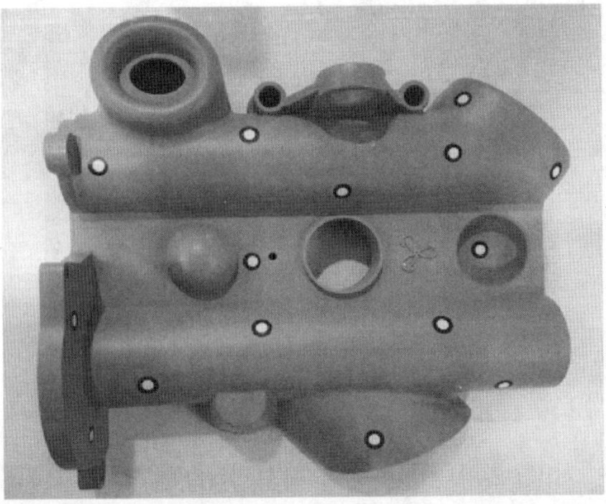

图 2-6　正确示范：标志点粘贴均匀随机

标志点粘贴技巧如下：

（1）根据当前标定范围选择合适大小标志点，标志点太大或太小会影响软件识别，影响精度；

（2）标志点应随机均匀粘贴在模型表面，应避免粘贴成线性、阵列；粘贴太规则会造成标志点识别错乱，出现扫描错位情况；标志点应粘贴在平面或曲面上，粘贴在边缘会造成标志点不完整而影响识别，如图 2-7 所示；

（3）标志点应保持干净完整，标志点破损或有遮挡会造成标志点圆不完整而影响识别，如图 2-8 所示。

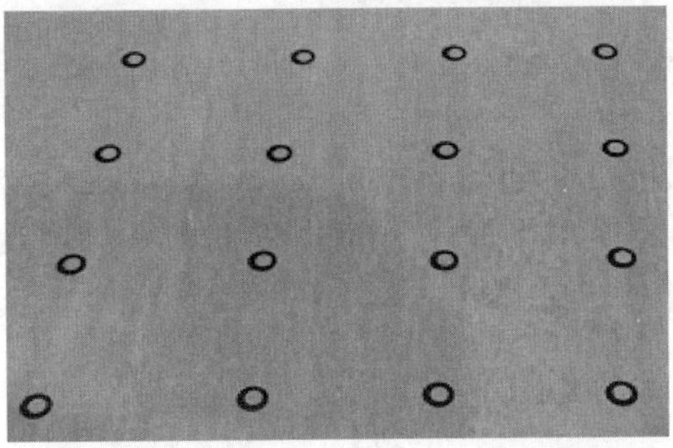

图 2-7　错误示范：标志点粘贴太过规则

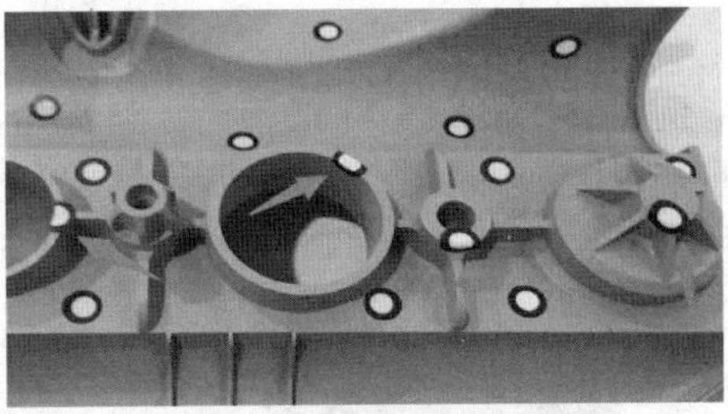

图 2-8　错误示范

2. 标志点无法直接粘贴，需要“借助”贴点

遇到一些尺寸比较小或结构特征比较复杂的工件时，无法在模型上贴点，这时就需要我们借助背景或一些夹具来贴点，实现拼接扫描的目的。

在转盘上粘贴标志点，如图 2-9 所示，将工件固定在转盘上，在转盘上的贴点技巧参考贴点规则。操作难点在于：因为标志点粘贴在转盘而不直接粘贴在工件上，工件需要很好地固定，如果在转动过程中模型相对于标志点的位置产生移动，会导致扫描数据错位，精度不准的情况，但在扫描软件中拼接精度显示正常，不易发现。

对尺寸小且结构复杂，且放在转台上无法扫全的工件，需要制作夹具将工件固定好，

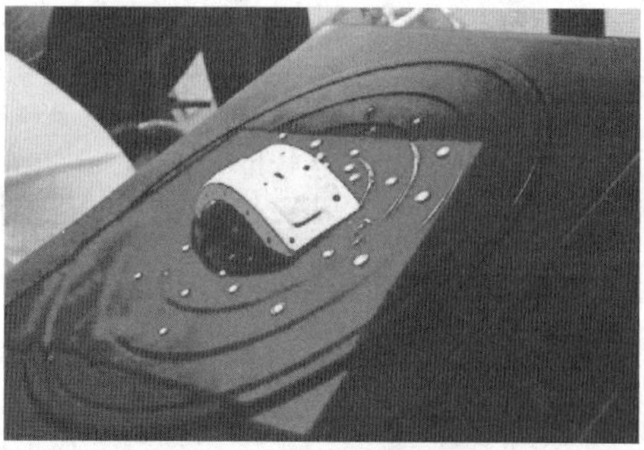

图 2-9　转盘贴点

并在夹具上贴点后扫描，如图 2-10 所示（在夹具上的贴点技巧参考上述内容）。

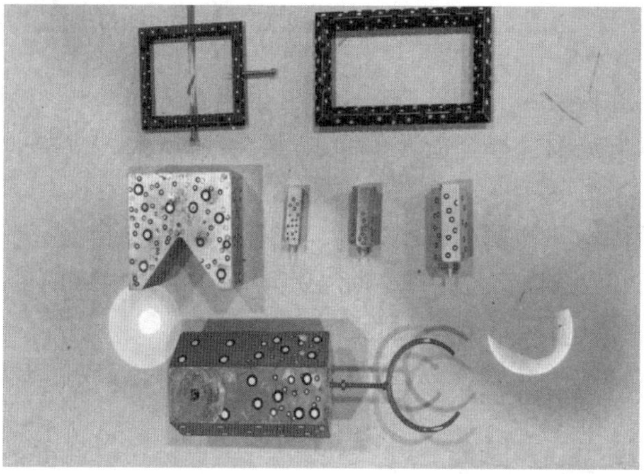

图 2-10　部分简易夹具示例

例如，扫描长度 8mm 齿轮，将齿轮固定在圆柱上，通过转动圆柱，靠圆柱上标志点来实现拼接扫描，如图 2-11 所示。难点在于夹具与模型的固定，扫描过程中不能出现相对位移，如果固定不牢则扫描数据精度不准，对检测造成影响。

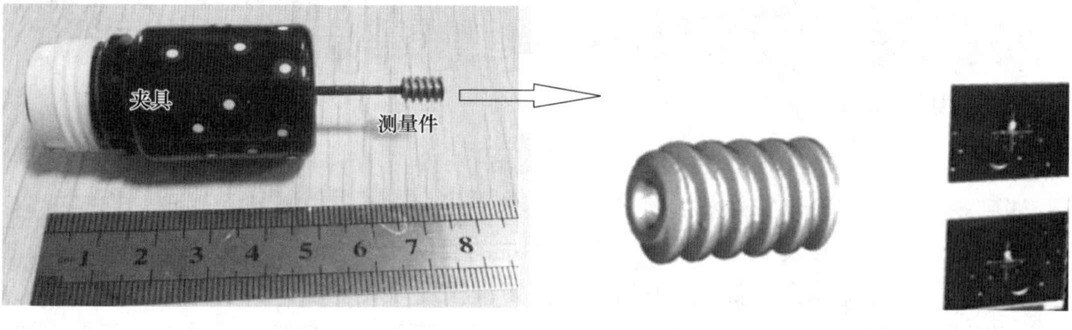

图 2-11　夹具固定 8mm 齿轮

总结：在三维扫描预处理——粘贴标志点中，需要寻找与工件大小相适应的标志点，粘贴过程中要随机均匀，且保证标志点的完整、清晰，若通过转盘或夹具进行“借助”贴点，则在扫描过程中，需要保证工件与转盘或夹具的固定。

三、三维扫描仪的标定

标定的主要目的就是精确计算摄像机与投影仪的内外部参数。内部参数是指和镜头相关的焦距等信息，外部参数指摄像机和投影仪之间的相关信息。通俗地讲，就是对设备进行校准，以保证在一个精准的基础上进行数据的扫描及拼接，通过标定软件会重新计算设备的参数，能获取更好的精度和扫描质量。

标定时要注意环境光不可过亮。一般在以下情况需要标定：

（1）第一次安装、使用三维扫描仪时或长时间放置后使用，需要进行标定；

（2）长途运输设备，发生严重震动、路途有颠簸的情况下，需要进行标定；

（3）第一次安装纹理相机（或其他模块）或纹理相机松动位置变化后，需要进行标定；

（4）距离上次标定时间较长；

（5）扫描外部环境发生较大改变，包括光线、温度、湿度等；

（6）在排除其他可能的情况下，扫描过程中频繁出现拼接错误、拼接失败等现象；

（7）扫描数据不完整，数据质量严重下降或无法扫描时需要进行标定。

扫描仪机型不同，标定操作也不同，以 EinScan SE&SP 机型为例，介绍标定流程。

首次安装软件后，选择设备类型，会自动进入标定界面，见图 2-12。若无标定数据时，点击“退出”按钮，软件会提示“没有标定数据，请先进行标定”。

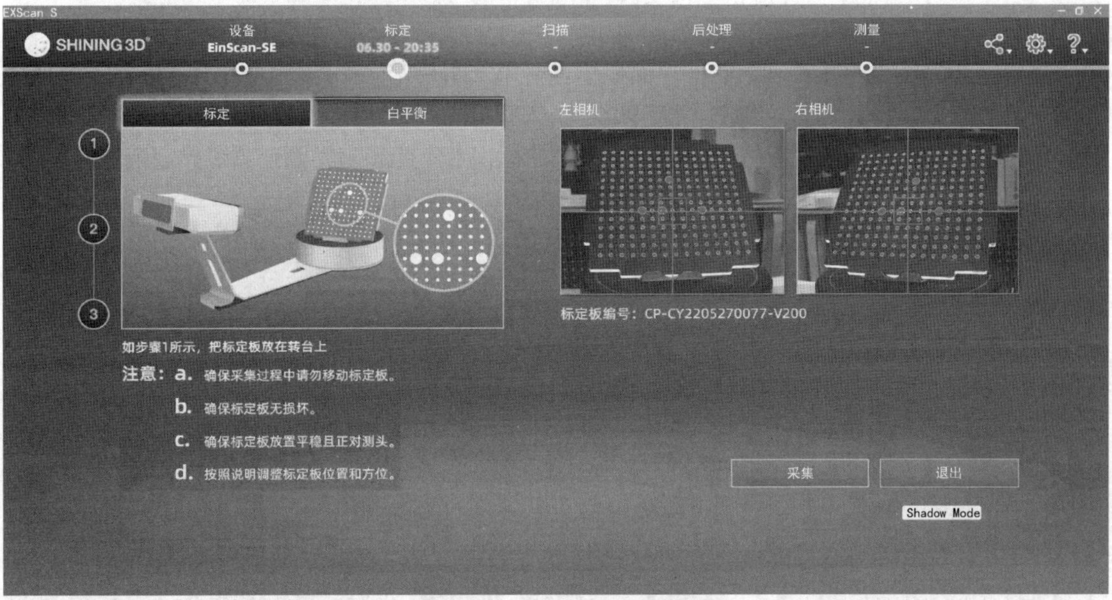

图 2-12　标定界面

（一）相机标定

相机标定时标定板需摆放三个位置，位置摆放根据软件向导操作。

首先根据软件向导提示，调整好投影仪与标定板之间的距离，扫描仪十字对准标定板，十字清晰。第一组平放标定板，摆放的方位和图示的方位一致。如图 2-13 所示，将标定板放置在转台中心位置。

确保标定板放置平稳且正对测头后点击“采集”，转台自动旋转一周采集数据，采集过程中请勿移动标定板。

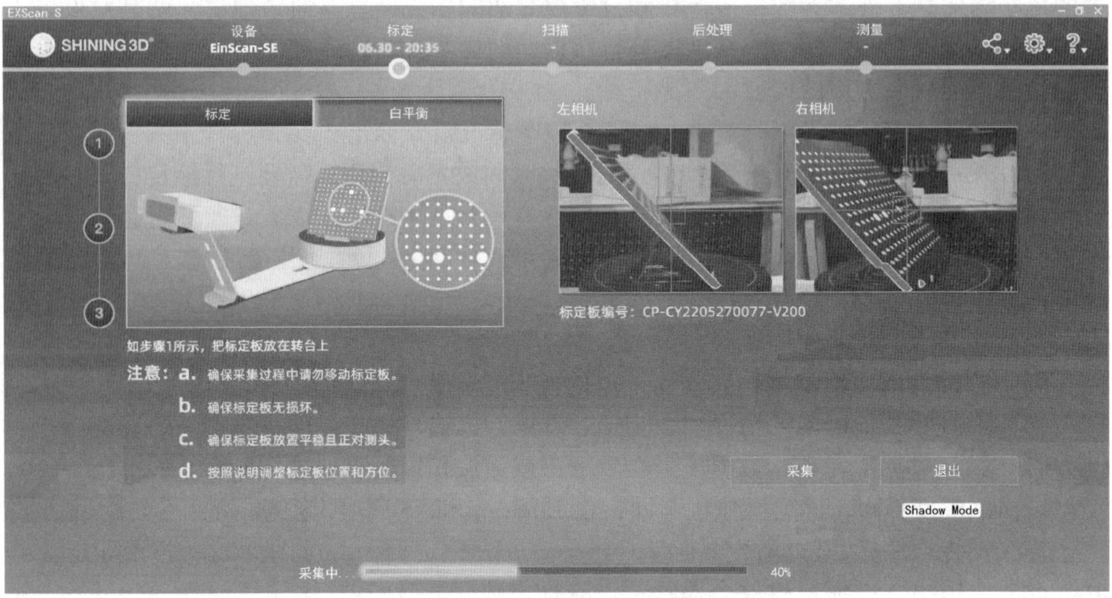

图 2-13　相机标定第一步

采集完毕后转台停止不动，软件界面显示进行第二组标定。如图 2-14 所示，将标定板从标定板支架上取下，将标定板逆时针旋转 90°，嵌入标定板支架槽中，将标定板支架向右移动。参照界面视图窗口调整标定板位置。标定板边缘的标识点不能超出界面上黄线界定范围。

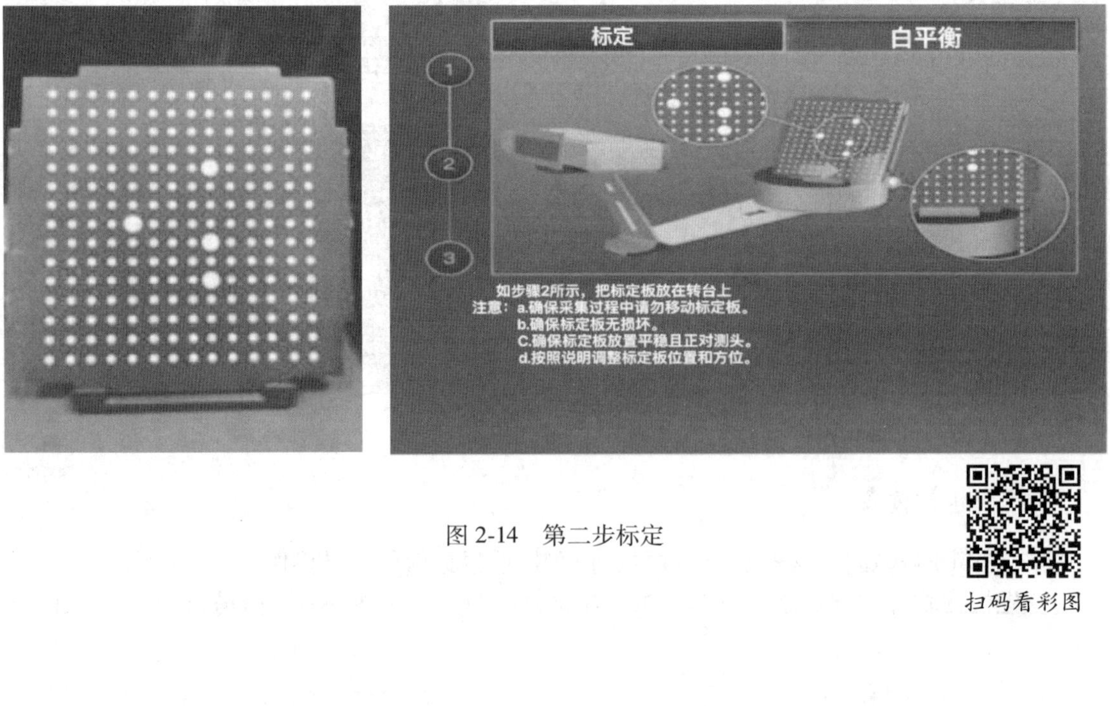

图 2-14　第二步标定

扫码看彩图

第二步标定完成后进入第三步标定（见图 2-15），将标定板从标定板支架上取下，将标定板逆时针旋转 90°，嵌入标定板支架槽中，将标定板支架向左移动。参照界面视图窗口调整标定板位置。标定板边缘的标识点不能超出界面上黄线界定范围。

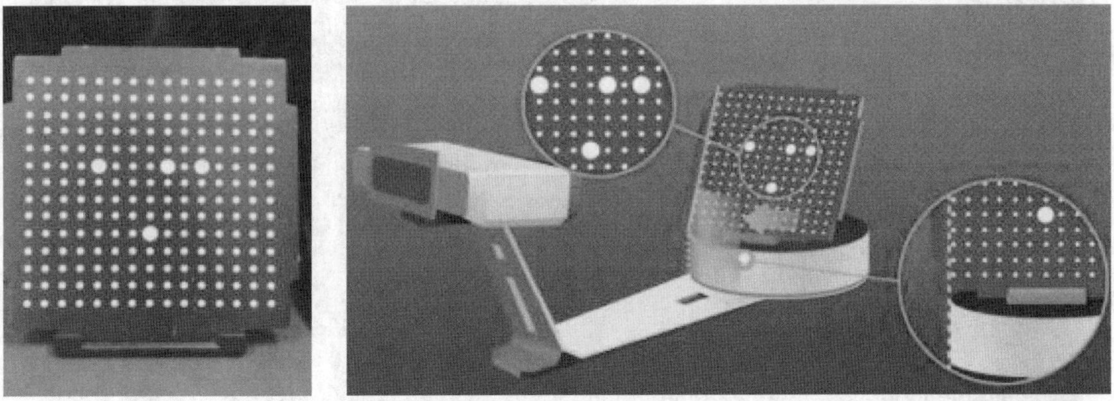

图 2-15　第三步标定

扫码看彩图

采集完成，进行标定计算，相机标定结果如图 2-16 所示。

图 2-16　相机标定结果

若标定失败，请点击“重新标定”按钮，并按照上述步骤，重新进行标定。

标定成功，点击“下一步”进入白平衡标定。

（二）白平衡标定

为确保获取准确的纹理数据，每次环境亮度改变时，建议进行白平衡标定。白平衡标定界面如图 2-17 所示。

白平衡标定时，在放标定板的位置上铺一张白纸，确保标定板放置平稳且正对测头后点击“采集”，直到软件提示标定成功，即完成白平衡校验。

为获取良好的纹理效果，需要保证白纸干净。若对纹理效果不满意，可改变环境亮度或重新白平衡标定。白平衡标定结果如图 2-18 所示。

点击“下一步”进入扫描新建解决方案。

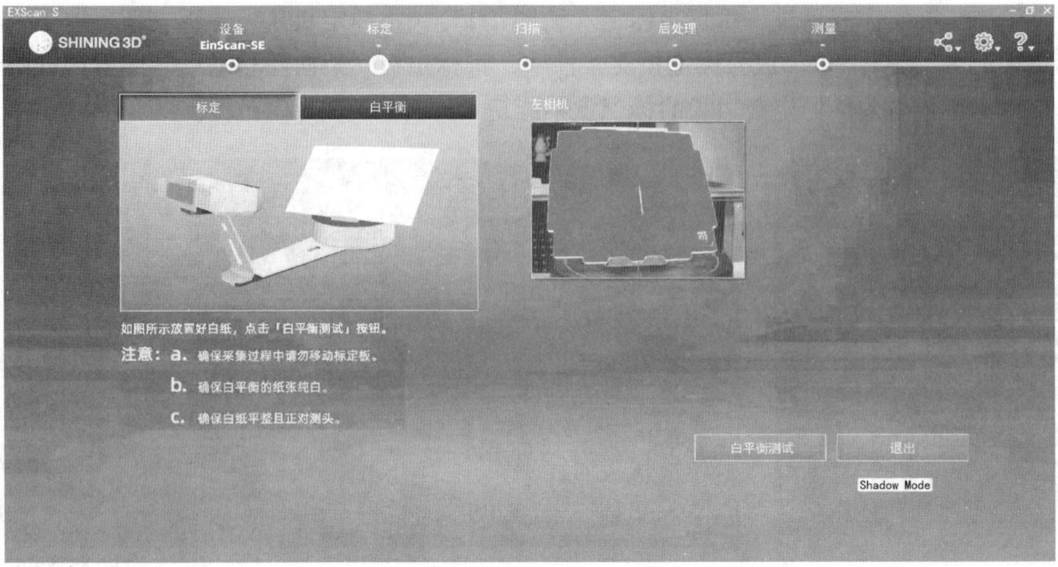

图 2-17　白平衡标定界面

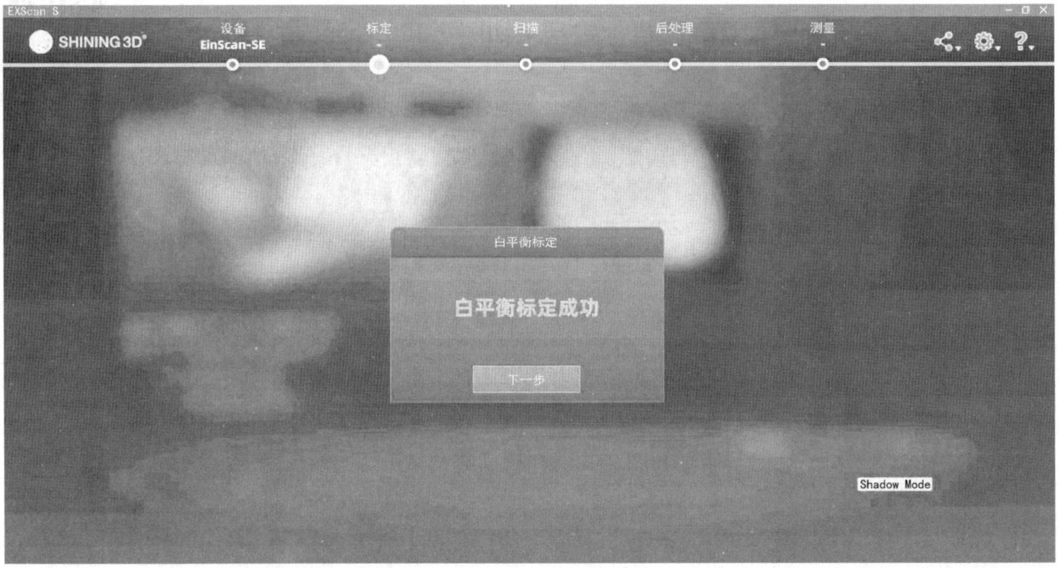

图 2-18　白平衡标定结果

（三）标定小贴士：设备热机

扫描仪是由相机、光源发生器以及其他硬件组合而成的综合性设备。其精度等性能，需要依靠标定步骤来保证。标定，主要校准的是计算相机、光源发生器等器件间的位置等物理关系。而温度的改变会引起各类器件的热胀冷缩，导致标定结果出现偏差。从而影响设备性能。特别是设备存放区域温度极低时，此时设备本身温度也极低。在此设备温度下，不进行热机，直接进行标定、扫描，那么在使用一段时间后，设备自身产热，标志点识别能力急剧下降，甚至无法识别。如果使用环境温度较高时，此现象更易发生。

同时，实验数据表明，同一台设备，开机后立即进行标定，初次扫描结果的精度与后续扫描结果的精度相差较大，且后续扫描结果精度较差。这与各关键配件在初开机状态与稳定状态时物理性能的差异有关。

为了避免上述情况、获得更好的设备性能，建议将设备切换至扫描界面进行热机 10~20min 或更长时间，然后再进行标定，从而获得更好的扫描效果。

标定板的保护如下：

（1）确保标定板干净无划痕；

（2）确保使用设备对应的标定板进行标定；

（3）将标定板远离腐蚀性溶液、金属和尖锐物体；

（4）只能用清水擦拭标定板，不可使用化学液体或酒精擦拭标定板；

（5）为防损坏标定板，不要摔砸标定板，不可将重物或杂物放置于标定板上；

（6）使用完请及时收好标定板，将标定板放置于绒布袋内。

任务三　三维扫描仪的选择

三维扫描仪作为将实物转化为三维数字模型的重要工具，可以兼容 CAD/CAM 等设计软件、3D 打印与数字化制造等。它们被广泛应用于许多行业，如医疗健康、质量检测、逆向工程、教育科研、文物保护等。合适的扫描仪对提高工作效率至关重要。

一、激光扫描仪和 LED 光扫描仪的选择

无论是激光扫描仪还是 LED 光扫描仪，都有它们各自适合的领域及优缺点。

激光扫描仪的工作原理是将激光点、光束或多束激光投射到物体上，然后通过相机捕捉其反射的光线，如图 2-19 所示。

LED 光扫描仪使用白色或蓝色 LED 光投射在物体表面，由一个相机或多个相机同时捕捉物体反射的光线，如图 2-20 所示。当配备了彩色相机时，就可以进行物体的彩色信息的获取。基于不同的技术，光调制器可产生不同的投影图案。

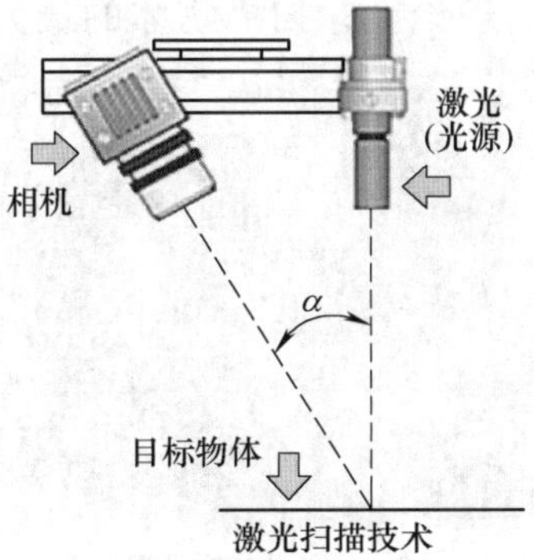

图 2-19　激光扫描

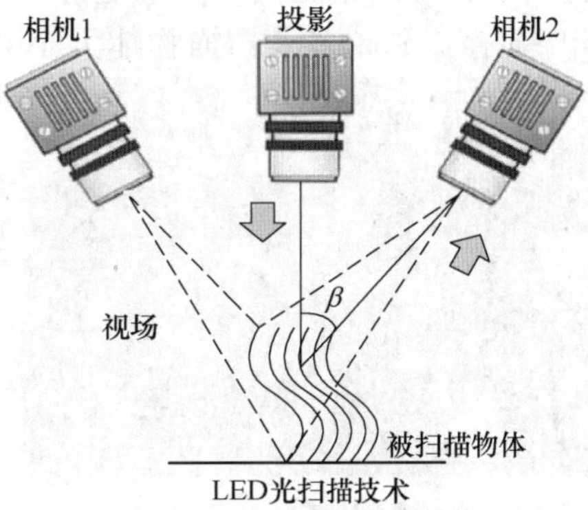

图 2-20　LED 光扫描

对比而言，激光对环境光线的敏感度较低，对光亮或暗黑等表面的扫描性能较好。而且，大部分激光扫描仪都是手持式的，非常便携。但是，非常反光或透明的表面也很难利用激光扫描仪获取数据。

LED 光扫描仪通过投影投射出光图案，而不是激光线，可以快速捕捉到高分辨率和高精

度的大尺寸数据。相比于激光光源，LED 光对人眼睛更安全，所以其可以用于人体的扫描。部分含有固定模式的 LED 扫描仪可以安装在三脚架上进行固定扫描，也可以手拿扫描仪围绕物体进行数据的获取。但是，它对环境光和反光的样件比较敏感，数据不易获取。

在选择扫描仪时，需要综合考量扫描的地域、扫描速度、扫描件的色彩、材质、需要达到的精度或效果等，综合选择最合适的扫描仪。

二、三维扫描仪的专业术语

（1）精度：就像一把尺，评判数据的尺寸偏差，对于工业级用户极其重要，好的精度不单单指单幅精度（即单幅数据的精度），也包含体积精度（即一定体积范围内的误差），还包含重复精度（即单一标准的多次测量稳定性）。三维扫描仪采用国际标准 VDI/VDE2634 标准，即测定空间内各位置陶瓷球尺寸，标准平板。

精度包括测量的准确度及精密度，一般我们关注精度时，只会关注准确度，而容易忽视精密度。准确度和精密度的关系，如图 2-21 所示。

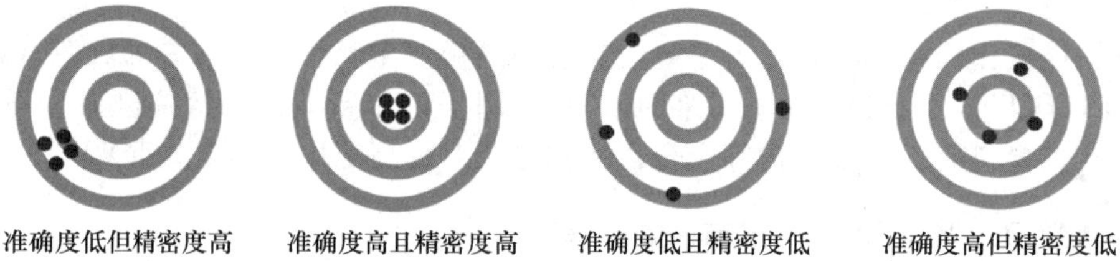

图 2-21　准确度和精密度的关系

（2）精细度：即数据的点密度（点距），就像相机的像素、像素越高，细节体现越好，同理，物理点距越小，三维扫描数据的细节体现越精细。数据的精细度（点距）与设备的相机像素、结构光发射器像素、光栅原理算法、单幅扫描范围有关，就像单反相机，像素越高，拍摄距离越近，重构算法越好，图像清晰度越高。

（3）分辨率：分辨率越高，细节越好（见图 2-22）。选择的分辨率越高，扫描速度越低，消耗 PC 显存资源越多，扫描物体大小会有限制。理论上，扫描物体的最大尺寸 = 点

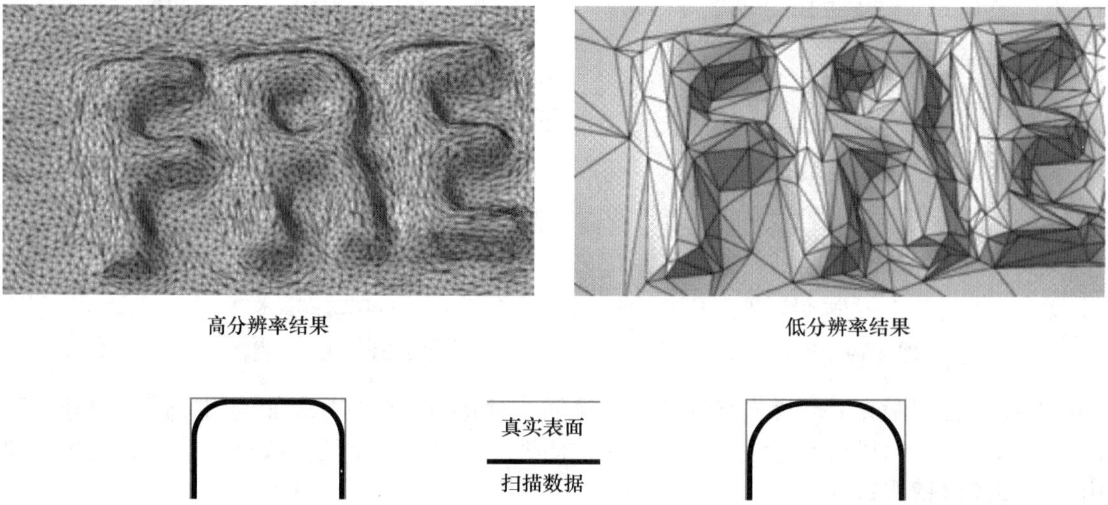

图 2-22　数据对比值

距×8192(mm)，实际扫描物体的最大尺寸受限于电脑显存大小。选择高分辨率时，出数据较慢，需要耐心扫描。

市场目前有很多扫描仪可以根据被扫描对象的大小改变分辨率。各零件分辨率对比如图 2-23 所示。

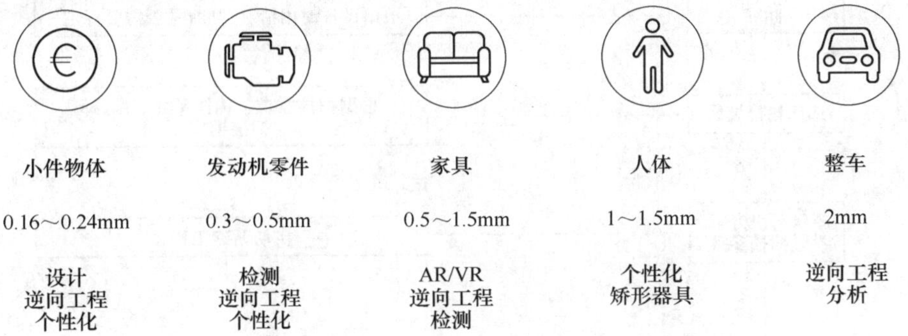

图 2-23　各零件分辨率对比

任务四　三维扫描仪操作

本任务以 EinScan Pro 2X 为例说明讲解，该款三维扫描仪支持快速获取 3D 模型和数据细节，具有更广泛的扫描材质适应性，更流畅的扫描体验。其可还原实物表面立体信息，并可获取物体的 3D 模型数据，满足多种应用需求，还可根据应用场景需求，模块化设计，并可选择配合纹理模块、工业模块以及 HD Prime 模块来实现不同扫描场景需求。

一、三维扫描仪的固定扫描模式（工业模块）

按照设备说明书进行设备的安装，基础模块安装完后放入三脚架托盘上，另外一根 USB 线长口端连接电脑（USB 2.0 或 USB 3.0），方口端连接转台，连接好转台电源适配器，并调整相机镜头与转台的位置，如图 2-24 所示。

图 2-24　工业模块安装图

首次操作，可参照图 2-25 所示的流程。

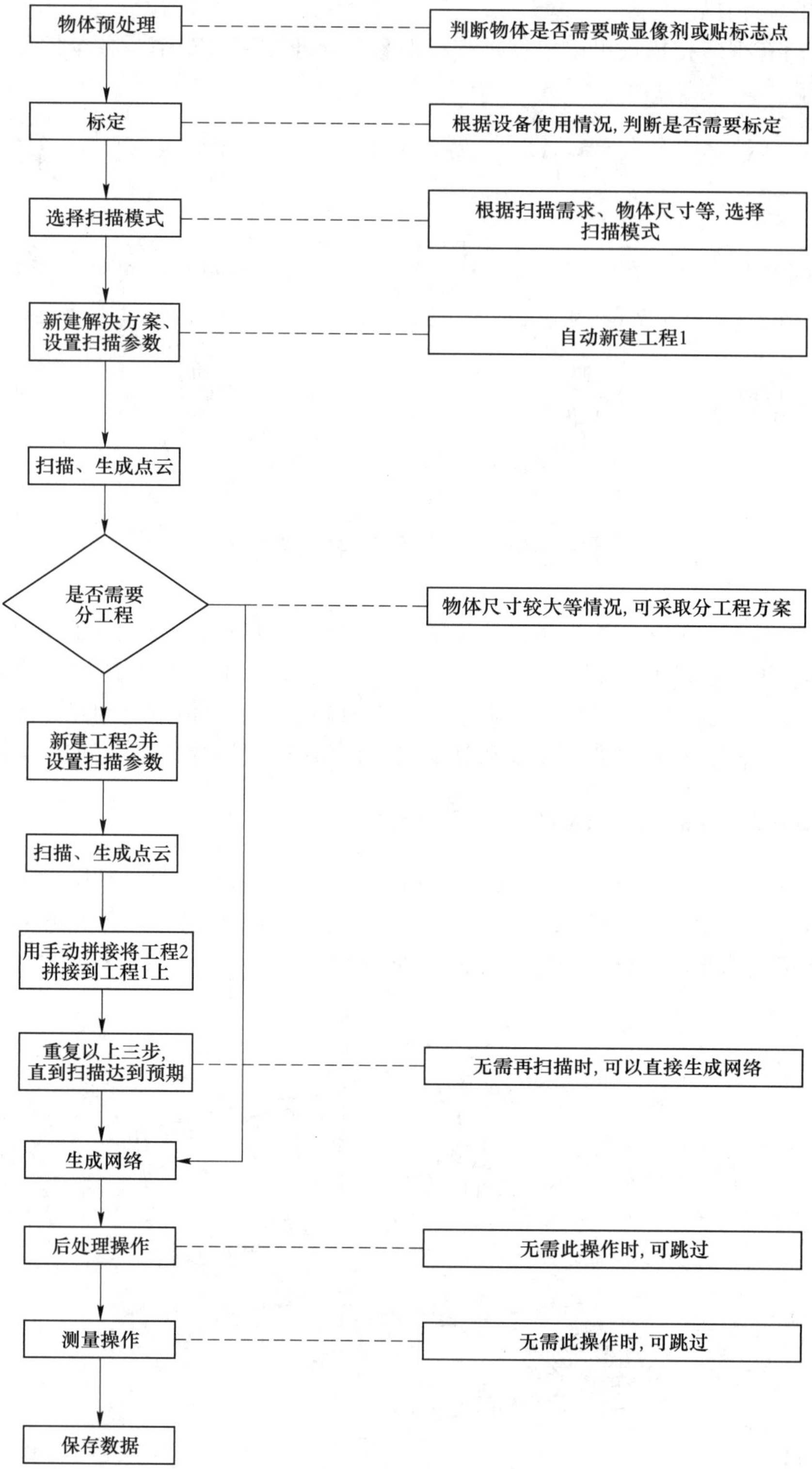

图 2-25　操作流程图

二、扫描标定

标定即是对设备的校准。通过标定将重新计算设备参数，既能确保设备的精度，又能提升设备扫描质量。打开扫描软件，根据设备说明操作进行标定。如果需要使用彩色模式，则需要进行白平衡标定。

将扫描仪固定在三脚架上，准备开始扫描。首先选择扫描模式，根据被扫描物体的特征，可选择编码点拼接、特征拼接、标志点拼接三种模式进行扫描，如图 2-26 所示。

编码点拼接　特征拼接　标志点拼接

图 2-26　拼接模式

（一）编码点拼接

就如标志点拼接一样，该模式下用转台编码点作为空间位置参考，把物体放在转台上，转台旋转一圈，各个角度的扫描数据通过公共编码点辅助数据拼接。

编码点拼接的使用要求如下：

（1）扫描物体尺寸不能过大，导致遮挡过多的编码点；可扫描尺寸较小的物体；

（2）扫描仪角度不能过平，一般不小于 45°（只能用三脚架方式），如图 2-27 所示；

（3）扫描仪到转台中心距离，约 370mm；

（4）左上角相机窗口，一般情况下需能覆盖整个转台，如图 2-28 所示；

（5）扫描仪应具有较好的标定结果，否则无法正常扫描，需要重新标定。

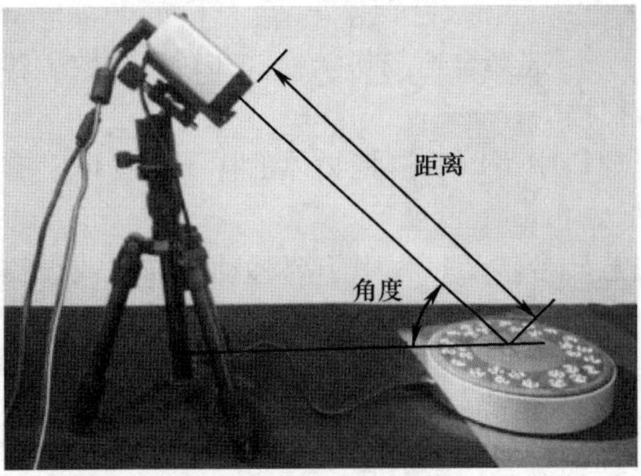

图 2-27　扫描仪与转台中心的角度和距离

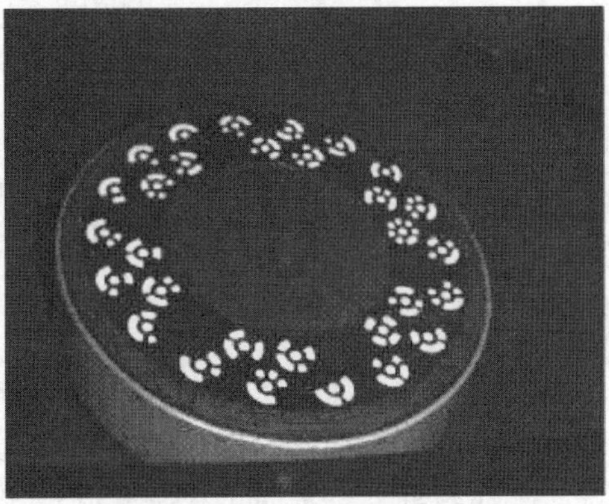

图 2-28　软件内左上角相机窗口显示

转台编码点操作便捷，其工作原理是在转台扫描的每一步，扫描仪会识别转台上的编码点，以计算物体的新位置，在连续两次扫描之间至少需要识别到 4 个公共编码点。若扫描物体足够小，则不会遮挡转台上的编码点，将物体放置在转台中间，并确保在选中过程中物体不会晃动或移动。

（二）特征拼接

用物体本身的形状作为拼接要素扫描数据，通过扫描数据本身辅助数据拼接。

特征拼接的使用要求如下：

（1）扫描物体尺寸可以较大，一般不超过转台大小。

（2）物体形状略复杂，球形、方形等规则形状不适合此模式；尺寸较小物体也不适合此模式。

（3）注意扫描仪到物体的距离。一般来说，相机视口投出的十字在红色矩形框内，调整扫描仪到被扫描物的距离，应使被扫描物处于投影十字最清晰处，如图 2-29 所示。

注意：若物体需要多次扫描，无论使用了几种扫描模式，在没有识别到足够标志点的情况下，软件将使用特征拼接将两次扫描数据进行拼接。

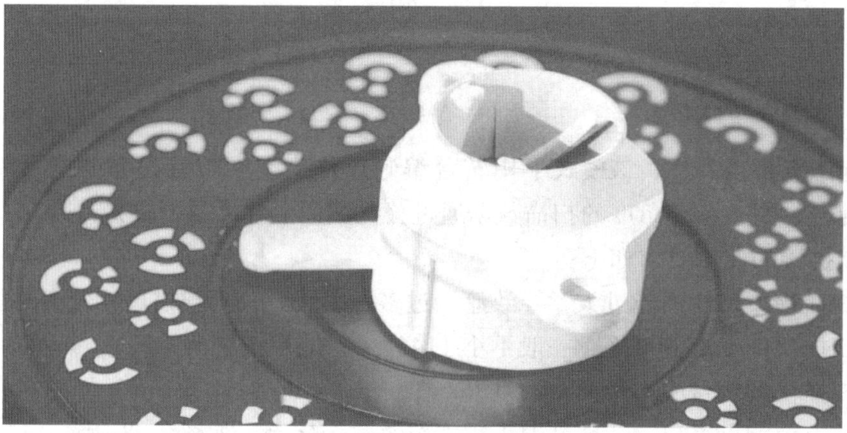

图 2-29　十字光标示意图

（随着距离的变化，投影十字也逐渐变化，在十字最清晰的位置为合适的距离）

（4）根据扫描物体的特征，在勾选转台后，可选择合适的拼接模式和转台次数。转台次数为 8，即为在 360°的旋转中均分 8 次进行扫描。

拖动亮度进度条可调整扫描亮度。当预览窗口中可以看清楚物体的样子，物体上有少量红色显示时，则为合适的亮度，如图 2-30 所示。

点击软件右侧开始按键即可开始扫描。注意转台转动过程中不要移动扫描仪或被扫描物体。

单次扫描后，如果对扫描数据不满意，或者有夹具、支撑等数据，即可选取不需要的部分删除。如果数据不够完整，则可在确认此次数据后，调整扫描对象的角度，进行二次扫描，补充数据。扫描时可根据实际情况选择是否需要转台模式。

注意：若多次扫描，数据根据特征自动拼接时，需要两次扫描数据中有至少 1/3 的公

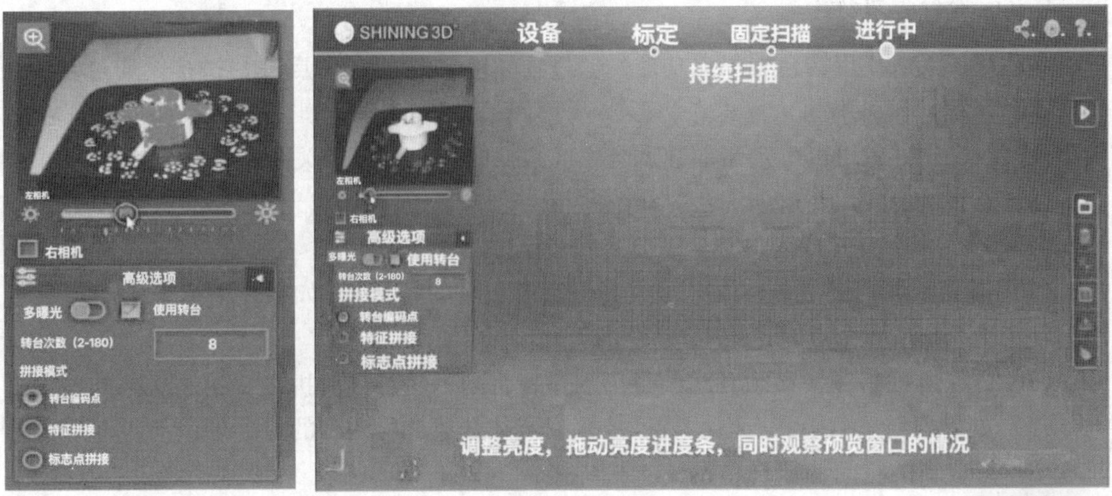

图 2-30　特征拼接

（调整亮度，拖动亮度进度条，同时观察预览窗口的情况）

扫码看彩图

共部分。若两次数据出现了错位，则需要手动拼接。手动拼接按钮在屏幕右侧。根据提示按住 Shift 键同时依次选择三对公共点，软件会根据这三对公共点进行拼接，如图 2-31 所示。

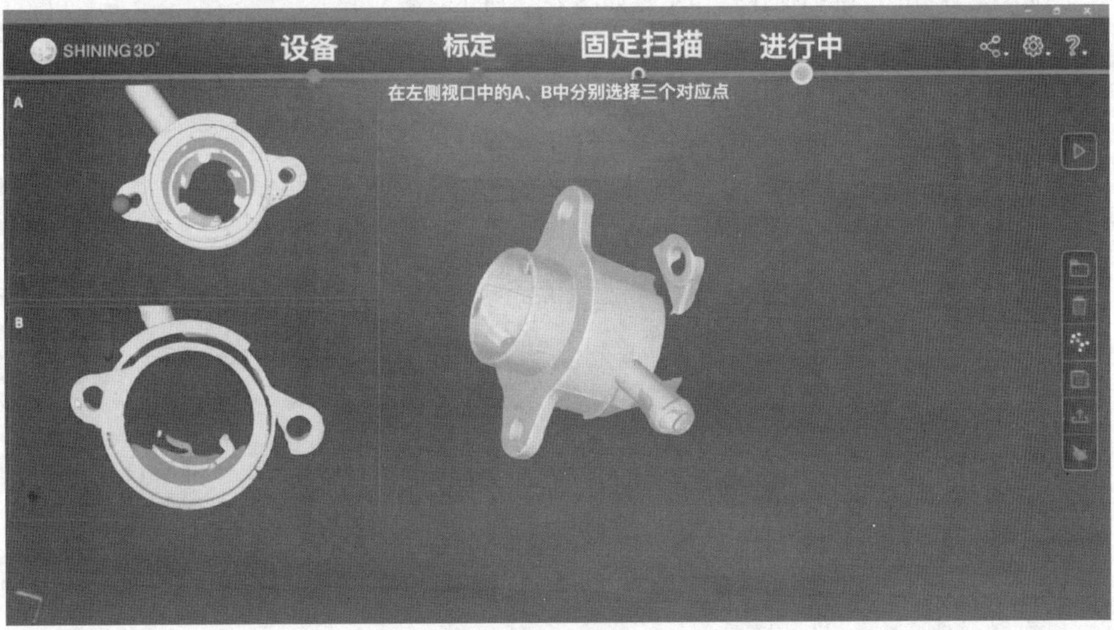

图 2-31　手动拼接

（5）将处理完的数据进行封装、简化、保存后即可使用。如需逆向，建议使用非封闭模式封装。在小特征比较多的情况下不建议选择简化。

（三）标志点拼接

其适用于无法使用转台编码点功能，通过物体上粘贴的标志点进行拼接。通过至少 3 个或 4 个（根据设备不同）标志点，形成一个唯一的空间特征。当采集到的空间特征在之前出现过时，软件就可以确定当前数据与之前数据间的相对位置关系，辅助拼接。

标志点拼接的使用要求如下：

（1）形成一个空间特征，至少需要 3~4 个点。

（2）这几个点，是一个整体（可与其他点形成新的特征），如果在下次采集中，只能探测到少于 3 个或 4 个点时，不形成空间特征。

（3）这个空间特征，必须在之前也出现过，否则不参与当前拼接（第一次除外）。

（4）如果当前采集中，有空间特征被探测到，其他被检测到的点，理论上，可与任意 2~3 个点形成新的空间特征（可用于下次拼接）。

（5）需要粘贴标志点的情况包括：

1）无法使用特征拼接的物体、外形简单的物体（工业件等）、外形虽然复杂但是具有一些重复性特征的物体、有精度要求的物体。

2）因扫描模式或其他原因，没有特征拼接功能。

三、使用 LED 光多功能三维扫描仪的手持扫描模式

LED 光多功能三维扫描仪操作示意如图 2-32 所示。

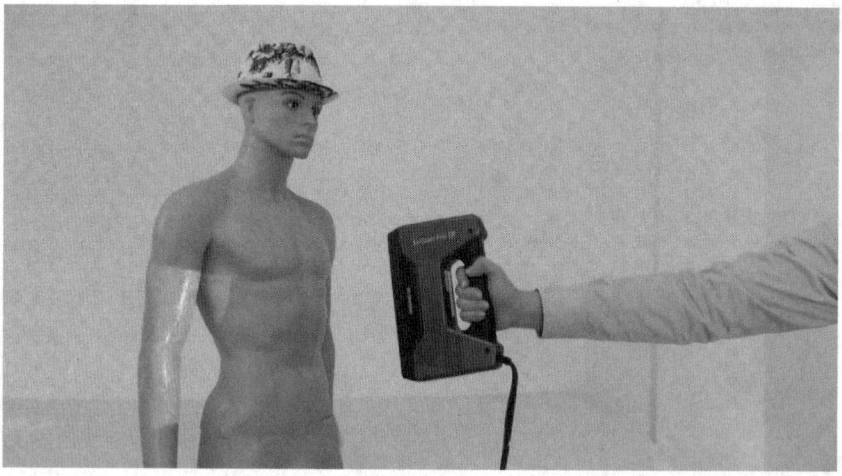

图 2-32　扫描仪操作示意

（设备正对被扫描物体，按击一次扫描按键，开始进行预览）

（1）按照设备说明书进行设备的安装。

（2）扫描标定：打开扫描软件，根据设备操作进行标定。

（3）选择拼接模式和操作模式。拼接模式见表 2-1，操作模式见表 2-2。

表 2-1　拼接模式

混合拼接	软件可在扫描过程中根据被扫描物体是否粘贴标志点自动切换特征和标志点拼接。对于特征易拼错的局部可粘贴标志点（数量≥4）进行拼接。适合存在局部特征易拼错的模型
标志点拼接	扫描前需要在物体上粘贴标志点，适用于表面平滑、具有重复性特征或者轴对称的物体。当前识别到的标志点至少要有 4 个能与已有标志点匹配，否则就会“跟踪丢失”
特征拼接	适用于物体表面特征丰富，不方便粘贴标志点。若当前扫描区域与已有数据没有足够的公共区域就会出现“跟踪丢失”

表 2-2　操作模式

普通	扫描速度 10 帧/s，使用选中的点距进行扫描
精细	扫描速度 10 帧/s，数据细节较普通模式更精细，幅面约为普通的一半，因幅面较普通小，体验上扫描速度较慢。适合扫描特征丰富的小物体（不适合 1m 及以上物体），不建议使用该模式的标志点扫描，需要粘贴标志点的密度大，且扫描的数据上有较多标志点空洞

（4）设备正对扫描物体，按击一次扫描按键，开始进行扫描预览。预览时注意调整与被扫描物体间的距离，保证软件左侧的预览条显示为绿色（见图 2-33）。双击扫描按键可打开亮度调节模式，可单击设备上的加减号调节亮度，当预览界面显示的数据效果较完整时即为合适亮度，可以开始扫描。

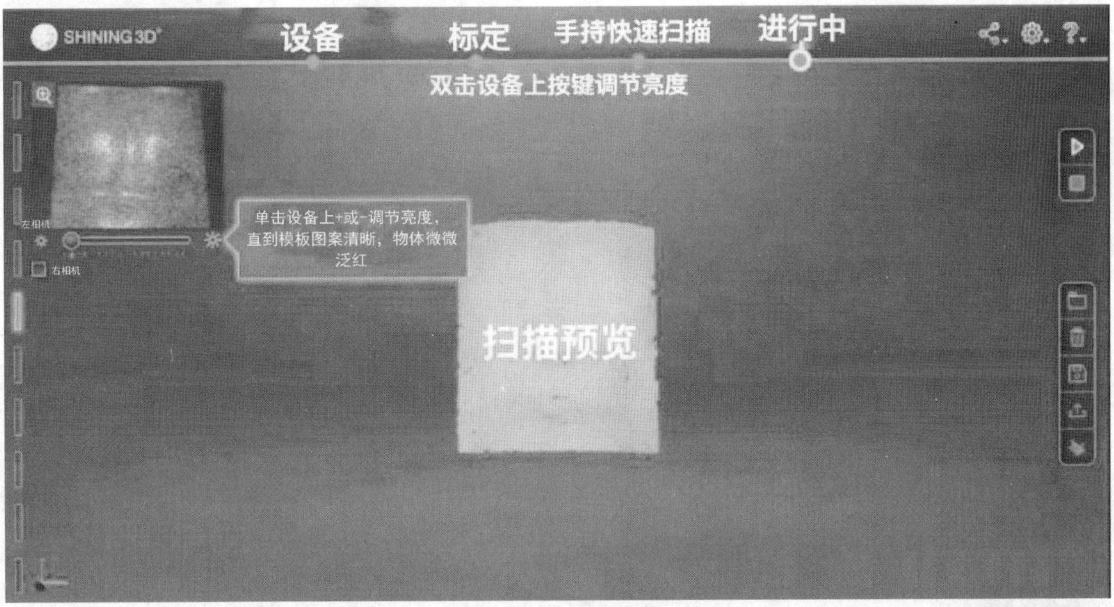

图 2-33　扫描界面

扫码看彩图

扫描时，尽量保证距离显示为绿色，同时扫描仪正对被扫描物体，匀速扫描。扫描完成后，进行封装、简化、保存后即可使用。

项目三

逆向软件与应用

—— Geomagic Wrap

任务一　Geomagic Wrap 软件基础

一、Geomagic Wrap 工作界面

在桌面上双击或在开始菜单中选择并打开 Geomagic Wrap 软件，进入 Geomagic Wrap 的工作界面，如图 3-1 所示。

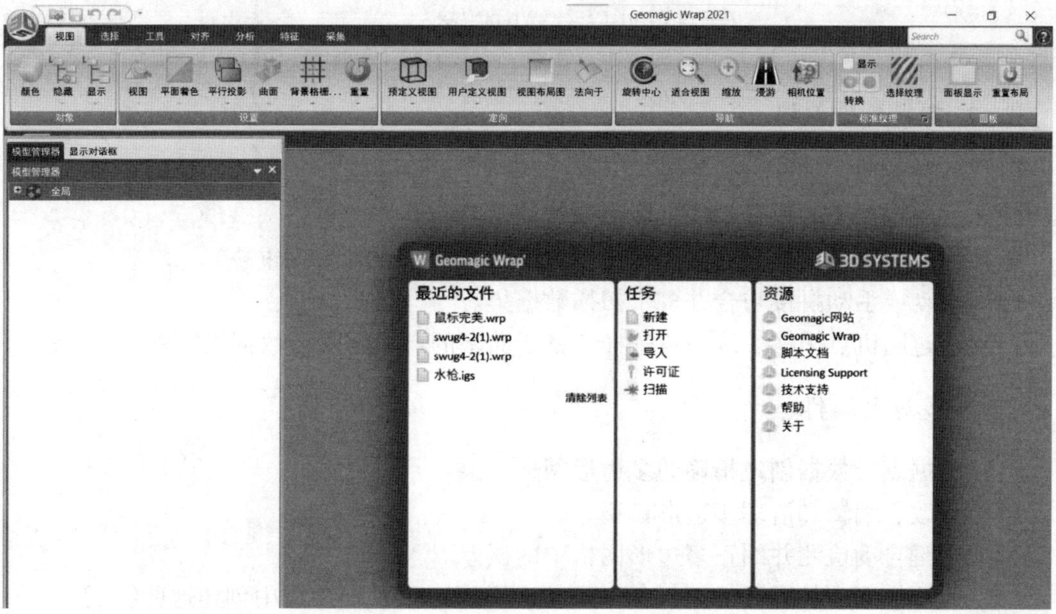

图 3-1　Geomagic Wrap 的工作界面

从图中可以看出 Geomagic Wrap 的基本工作界面大体分为视窗、工具栏、管理器面板、状态及进度条、坐标系几部分。

视窗：显示当前工作对象，在视窗里可做选取工作。

工具栏：不同于菜单栏，工具栏提供的是常用命令的快捷按钮。

管理器面板：包含了管理器的按钮，允许控制用户界面的不同项目。

状态栏：给用户提供信息——系统正在做什么和用户能执行什么任务。

坐标系：显示坐标轴相对于模型的当前位置。

二、Geomagic Wrap 模块简介

Geomagic Wrap 提供业界最全面的解决方案，可将三维扫描数据和多边形网格转换为精确的曲面化三维数字模型，以用于逆向工程、产品设计、快速成型和分析。作为将三维扫描数据转换为参数化 CAD 模型和三维 CAD 模型的最快速的方法，Geomagic Wrap 提供了四个处理模块，分别是扫描数据处理（Capture）、多边形编辑（Wrp）、NURBS 曲面建模（Shape）、CAD 曲面建模（Fashion）。模块处理效果如图 3-2 所示。

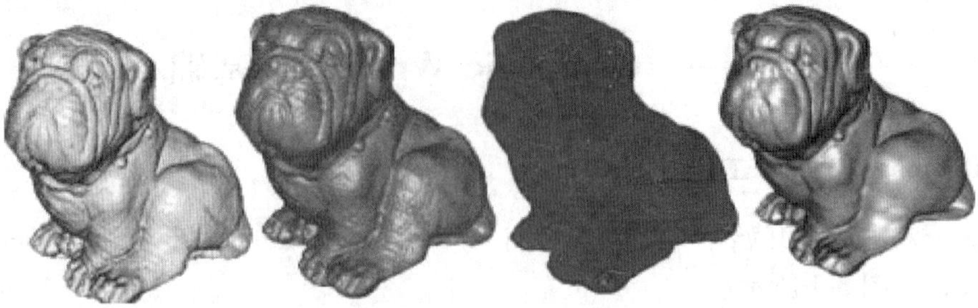

图 3-2　Wrap 模块

(一) 扫描数据处理

(1) 处理大型三维点云数据集。
(2) 从所有主要的三维扫描仪和数字化仪中采集点数据。
(3) 优化扫描数据（通过检测体外孤点、减少噪声点、去除重叠）。
(4) 自动或手动拼接与合并多个扫描数据集。
(5) 通过随机点采样、统一点采样和基于曲率的点采样降低数据集的密度。

(二) 多边形编辑

(1) 根据点云数据创建精确的多边形网格。
(2) 修改、编辑和清理多边形模型。
(3) 一键自动检测并纠正多边形网格中的误差。
(4) 检测模型中的图元特征（例如圆柱、平面）以及在模型中创建这些特征。
(5) 自动填充模型中的孔。
(6) 将模型导出成多种文件格式（包括含有完全嵌入式三维模型的 PDF），以便在标准的 CAD 系统中使用。格式包括 STL、OBJ、VRML、DXF、PLY 和 3DS。

(三) NURBS 曲面建模

(1) 根据多边形模型一键自动创建完美的 NURBS 曲面。
(2) 通过绘制的曲线轻松创建新的曲面片布局。
(3) 根据公差自适应拟合曲面。
(4) 创建模板以便对相似对象进行快速曲面化。
(5) 输出尖锐轮廓线和平面区域。
(6) 使用向导对话框来检测和修复曲面片错误。
(7) 将模型导出成多种行业标准的三维格式（包括 IGES、STEP、VDA、NEU、SAT）。

(四) CAD 曲面建模

(1) 根据网格数据自动拟合以下曲面类型：平面、柱面、锥面、挤压面、旋转曲面、扫描曲面、放样曲面和自由形状曲面。
(2) 自动提取扫描曲面、旋转曲面和挤压面的优化的轮廓曲线。

（3）使用现有工具和参数控制曲面拟合。

（4）自动扩展和修剪曲面，以便在相邻曲面间创造完美的锐化边界。

（5）无缝地将参数化曲面、实体、基准和曲线传输到 CAD 中，以便自动构建自然的几何形状。

（6）直接将基于历史记录的模型输出到主要的机械 CAD 软件包，包括 Autodesk Inventor、Pro/ENGINEER、CATIA 和 SolidWorks。

三、Geomagic Wrap 处理流程

Geomagic Wrap 的用处是将三维扫描数据和多边形网格转换为精确的曲面化三维数字模型，其大致处理流程如图 3-3 所示。

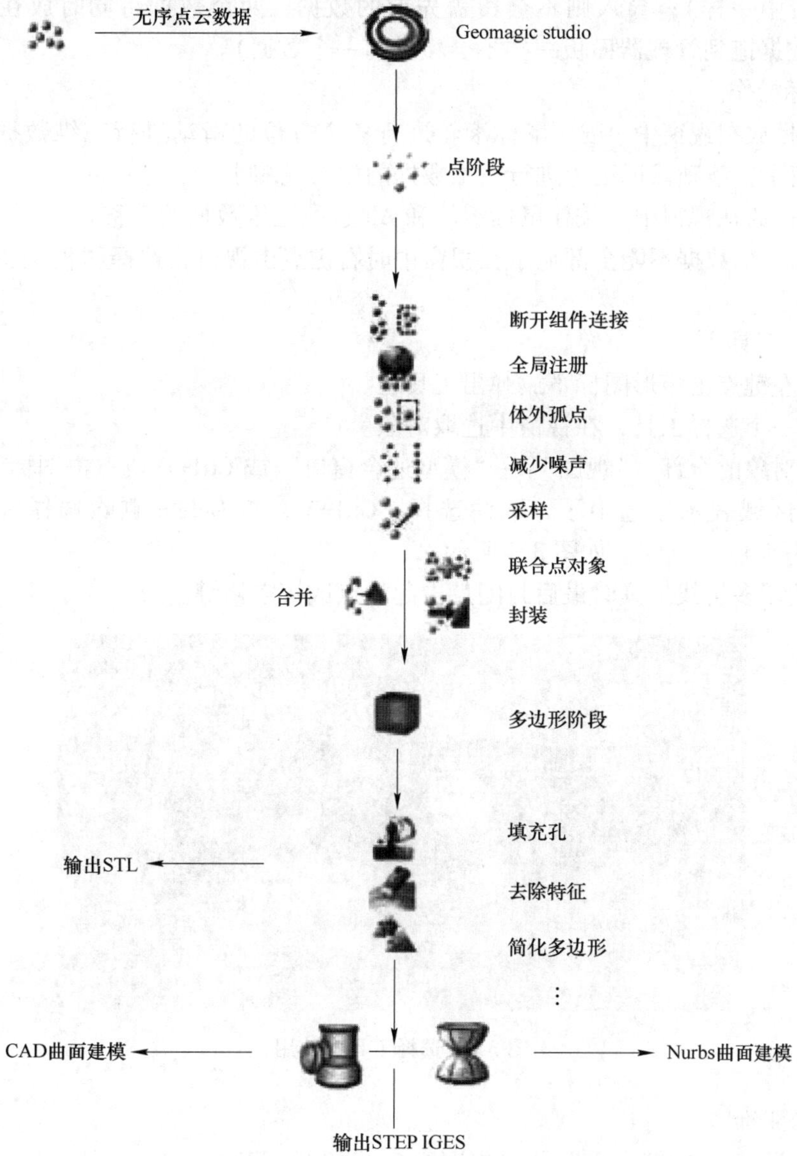

图 3-3 Geomagic Wrap 操作流程

四、Geomagic Wrap 基本操作案例

目标：熟悉 Geomagic Wrap 界面。

学习旋转、缩放和平移来改变角度。试着使用自定义旋转中心以及各种选取工具。

操作步骤：

（1）打开文件，启动 Geomagic Wrap 软件后点击图标或按 Ctrl+O。

1）从激活的文件夹里选择 yu1. wrp。如果不在当前文件夹，那么浏览到指定文件夹并选中。

2）点击“打开”，文件将被存载入到三维显示框中。

注意：打开与导入的区别，使用打开命令当前数据将覆盖前面的数据（直接将数据文件拖动到视窗中一样）；导入则不会覆盖先前的数据，两个数据将同时放在管理器面板中（直接将数据拖到管理器面板一样不会覆盖前一个数据）。

（2）鼠标操作。

1）将鼠标放在视窗中，按住鼠标滚轮进行各个方位的滑动进行三维数据的旋转。将鼠标放在视窗中，滚动鼠标滚轮进行三维数据的放大或缩小 。

2）将鼠标放在视窗中，按住鼠标滚轮和 Alt 进行三维数据的平移。

注意：当三维数据不能全部显示在视窗中时右键点击视窗，选择“模型适合窗口”或按 Ctrl+D。

（3）选择工具。

1）鼠标左键点击矩形图标不放弹出工具栏。

2）使用一个选择工具，在视窗中选取对象。

3）显示对象的全部，“视图”—“模型适合窗口”或 Ctrl+D 或点击图标。

4）红色区域表示被选中了，取消选择：Ctrl+C，按 Delete 删除选择区域；取消删除（返回上一步）：Ctrl+Z，如图 3-4 所示。

注意：使用多折线工具时最后封闭点击起始点或按空格键。

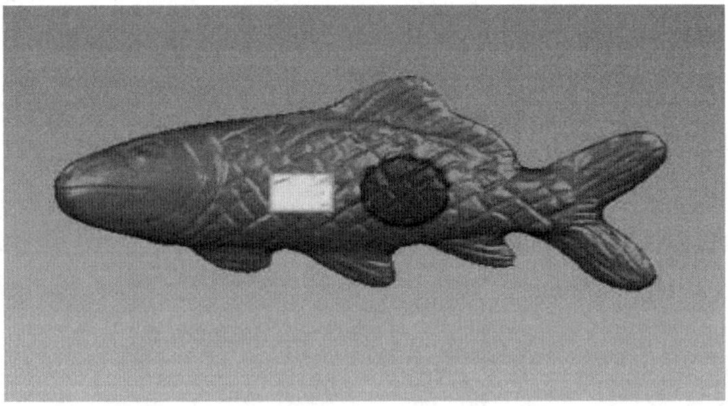

扫码看彩图

图 3-4　选择工具的使用

（4）视图控制。

1）“视图”—“旋转中心”或点击图标或按 Ctrl+F。

2）在对象上点一点，再次旋转模型，会发现模型绕着刚刚创建的点旋转。

3）切换到默认状态：“视图”—“重置旋转中心”；当然也可切换到动态旋转中心。

注意：重置旋转中心和切换动态旋转中心是通过点击“旋转中心”下的三角形显现出来。

（5）模型缩放。

1）“视图”—点击图标。

2）用左键在视窗中拉一个矩形框，进行模型放大。

3）点击“视图”—点击图标的下拉箭头选择缩小，进行模型的缩小。

4）显示对象的全部，“视图”—“模型适合窗口”或按 Ctrl+D 或点击图标。

（6）贯穿模式。

1）“选择”—点击图标，关闭背景模式（图标恢复正常）。然后使用选择工具选择模型，会发现黄色的背面也会被选中，如图 3-5 所示。

2）再次点击图标，进入背景模式（图标周围变红，软件默认是开启的）。

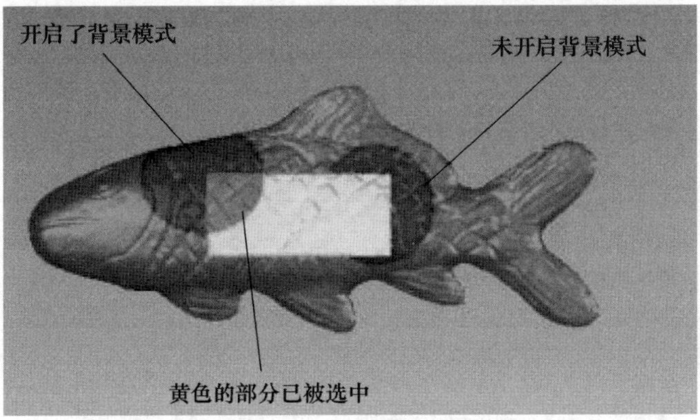

扫码看彩图

图 3-5　背景模式

（7）贯穿模式。

1）“选择”—点击图标，进入选择可见模式。然后使用选择工具选择模型，会发现只能选择看得见的部分。“选择”—点击图标，进入贯穿模式，如图 3-6 所示。然后使用选择工具选择模型，会发现选择时背面也能选中。

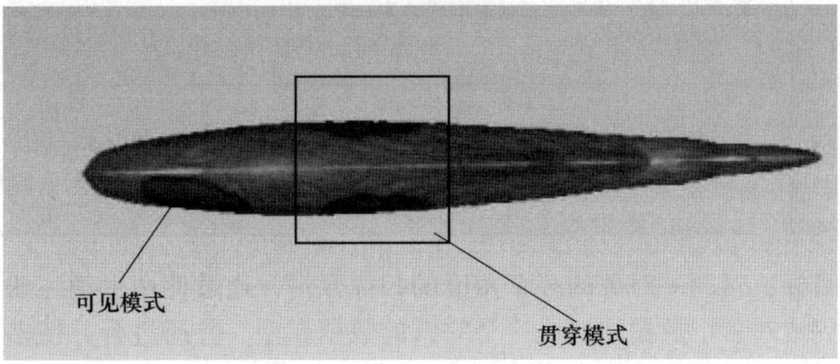

图 3-6　贯穿模式

注意：该命令在删除网格面时用得较多，当选择可见模式时，选择网格面并删除后，会发现很多小网格面并未被删除掉，这时就需要选择贯穿模式。

任务二　Geomagic Wrap 点阶段

在点阶段，改进扫描的点数据，通过点阶段的操作能快速和方便地整理点数据。噪声数据能被改进，智能的取样程序能被用来减少点数。能排除在扫描时捕获的多余的或错误的数据。改进后的点云能更快地多边形化并得到一个较高质量的多边形对象。

一、基本命令与各部分目标

点云编辑目标：将原始点云数据生成多边形模型。本阶段只要通过命令（见表 3-1）处理并封装出多边形（三角网格面）即可。

表 3-1　点云编辑图标、命令及解释

图　标	命 令 及 解 释
	断开组件连接：选择偏离主点云的数据
	体外孤点：选择任何超出指定移动限制的点
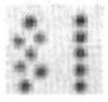	减少噪声：通过挤压扫描数据带（上下偏差）减少噪声点
	统一采样：减少点云的数量（稀释），也可删除重叠点云
	联合点对象：将多个点云模型联合为一个点云
	封装：将点转换成三角面

点云注册目标：对同一对象的多个角度的扫描数据，通过使用手动注册和全局注册进行对齐操作，完成对多个数据注册成一个完整的数据模型，并通过合并使多个点云成为一个多边形模型（类似封装）命令见表 3-2。

表 3-2 点云注册图标、命令及解释

图 标	命 令 及 解 释
	手动注册：通过指定点将两片点云进行简单对齐
	全局注册：对点云进行重定义对齐（进行对齐）
	合并：将多个点云数据直接封装为一个多边形模型

特征对齐目标：对于特殊类工件，回转件拼接无需完整扫描，运用 Geomagic Wrap 软件进行后期修复，将局部点云注册为一个完整数据；对于薄壁件及大型工件，应用球法拼接，在工件周围放置几个球进行多幅扫描，最后在软件里进行注册。命令见表 3-3。

表 3-3 特征对齐图标、命令及解释

图标（或指令）	命 令 及 解 释
	直线工具：用于创建直线（点云拟合、两点建线等）
	对齐到全局：将扫描点云对齐到世界坐标系下
工具—移动	精确移动：对点云进行精确平移或旋转
	探测球体目标：用于探测点云上的球体目标
	目标注册：根据已知球体目标进行注册配对
	清除目标：清除球体点云或目标

二、点处理阶段案例讲解

（1）打开素材 dcl. wrp 文件。启动 Geomagic Wrap 软件后，点击图标或按 Ctrl +O，或拖动数据到视窗里（也可拖到模型管理面板），打开 dcl. wrp 文件。

（2）着色点。点击图标，为了更加清晰、方便地观察点云形状，将点云进行着色。

（3）断开组件连接。点击图标，弹出选择非连接选项的对话框，在“分隔”选择“低”，然后点击“确定”，退出对话框后按 Delete 键删除选中的非连接点云。

（4）手动注册 1。点击点云 10 后按住 Ctrl 键选中点云 20，再按 F2 键只显示这两个数据，点击对齐工具栏下的图标，弹出手动拼接对话框。在定义集合里，固定框中选 10；浮动框中选 20，选中 *n* 点注册，如图 3-7 所示。

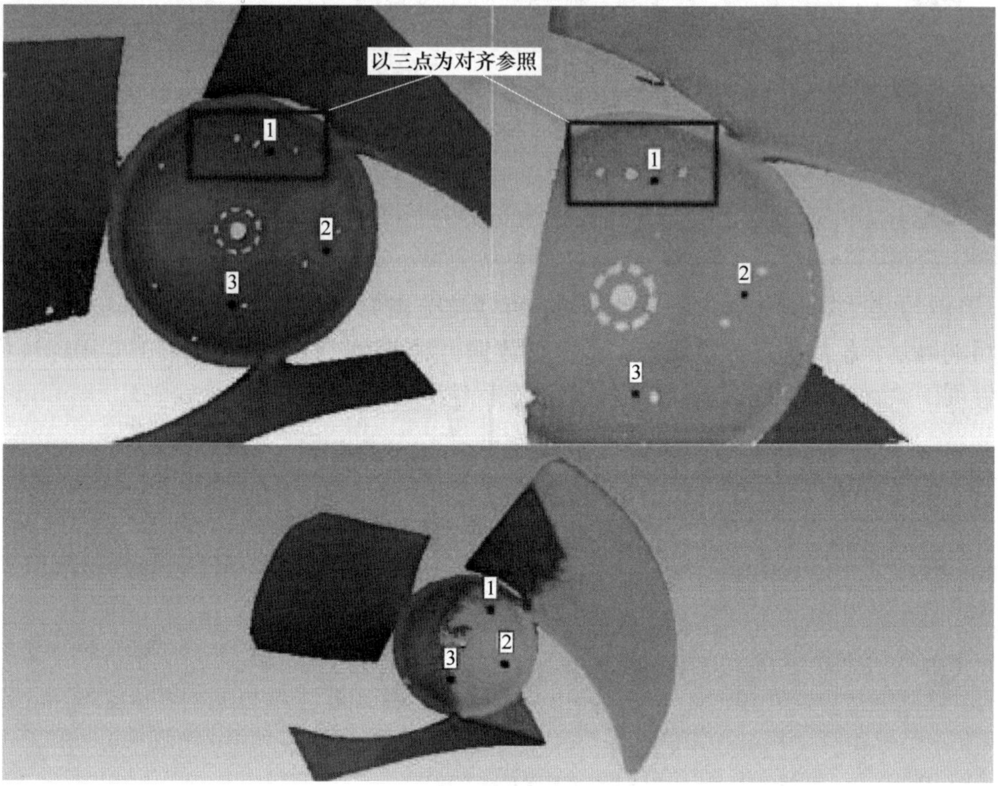

图 3-7　*n* 点注册 1

将上面两个窗口内的模型旋转到相同的方位（按住鼠标滚轮），放大模型（滚动鼠标滚轮），在左右窗口中分别点击三个相同的点，如图 3-7 所示，系统将根据指定点进行匹配。系统自动匹配完后，点击左下角“注册器”，进行注册（精细注册一次），最后点击“确定”，退出命令。

注意：退出命令后系统未自动建组，请检查手动注册对话框中“添加到组”是否勾上。

（5）手动注册 2。点击组 1 后按住 Ctrl 键选中点云 30，再按 F2 键只显示这两个数据，点击对齐工具栏下的图标，弹出手动拼接对话框。在定义集合里，固定框中选组 1；浮动框中选 30，选中 *n* 点注册，如图 3-8 所示。

将上面两个窗口内的模型旋转到相同的方位（按住鼠标滚轮），放大模型（滚动鼠标滚轮），在左右窗口中分别点击三个接近相同的点，系统将根据指定点进行匹配。系统自动匹配完后，点击左下角“注册器”，进行注册（精细注册一次），最后点击“确定”，退出命令。

再次手动注册将组 1 和 40 拼接在一起，图 3-9 为手动注册的最后效果图。

（6）全局注册。选择对齐工具栏，点击图标，弹出全局注册对话框，点击“应用”

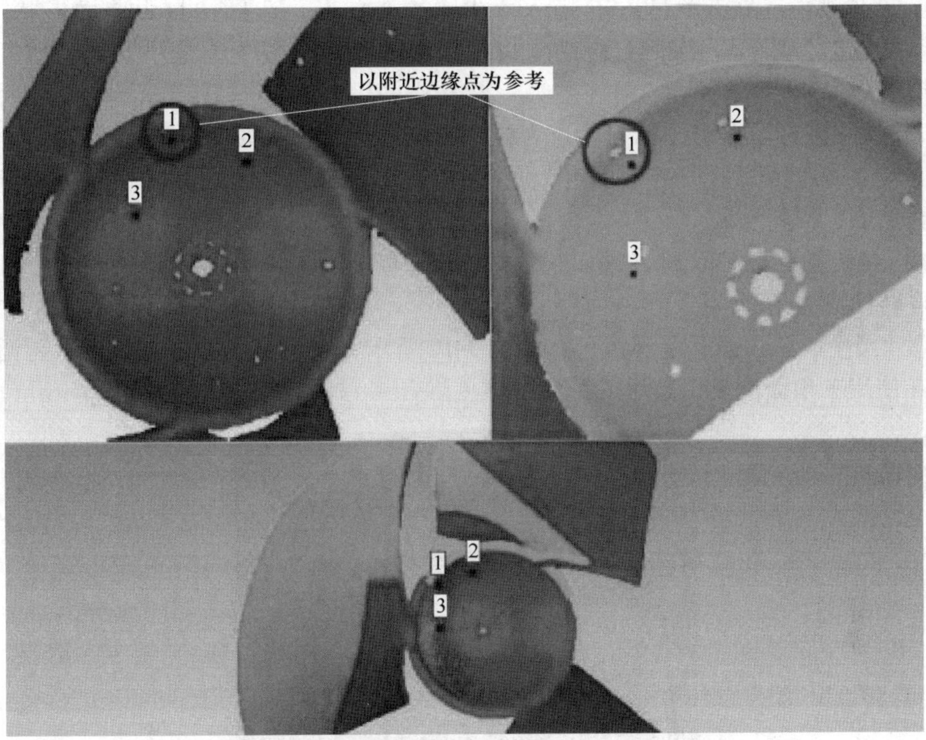

图 3-8　*n* 点注册 2

图 3-9　手动拼接 3

后点击“确定”。该命令将对点云进行精细拼接。

（7）联合点对象。选择点工具栏，点击图标，弹出联合点对话框，点击“应用”后点击“确定”。该命令可将多个点云模型联合为一个点云，便于后续的采样、封装等。

（8）体外孤点。点击图标，弹出体外孤点对话框，将敏感性设置为 100，点击“应用”后点击“确定”，按 Delete 键删除选中的红色点云。该命令表示选择任何超出指定移动限制的点，体外孤点功能非常保守，可使用三次达到最佳效果。

(9) 减少噪声。点击图标，进入减少噪声对话框，选择“自由曲面形状”，点击“应用”后点击“确定”。该命令有助于将扫描中的噪声点减少到最小，更好地表现真实的物体形状。

(10) 统一采样。点击图标，进入统一采样对话框，在输入中选择绝对间距，输入0. 5mm，点击“应用”后点击“确定”。在保留物体原来面貌的同时减少点云数量，便于删除重叠点云、稀释点云。

(11) 封装。点击图标，进入封装对话框，直接点击“确定”，软件将自动计算。该命令将点转换成三角面。

注意：当生成三角面后呈现黄色，如图 3-10 所示，表示三角面方向反了，需调整模型的方向（使用三角面修复工具里的翻转法线）。

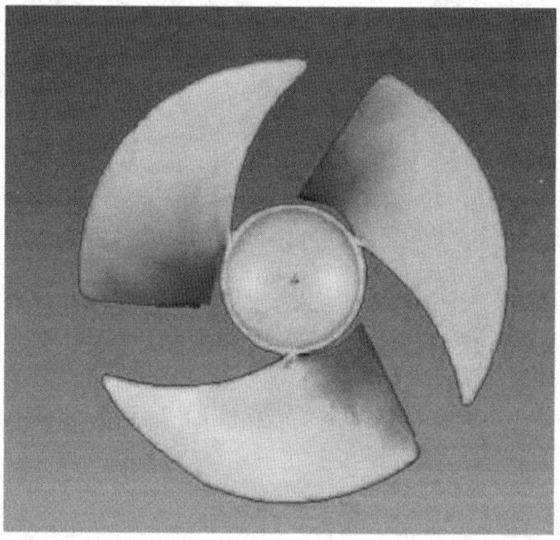

图 3-10　风扇模型

扫码看彩图

三、点处理阶段的其他处理技术

曲率采样：该命令用于以百分比的形式减少点云数量，且保留曲率明显的形状。

格栅采样：该命令用于以点间距的形式减少点云数量，适合于无序的点云数据。

随机采样：该命令是在采样时用随机采样的方法对点云进行采样，适合于模型简单、规则的点云数据。

修剪：该命令用于删除未被选中的区域，与删除命令相反。

填充孔：该命令用于在对象表面的孔洞插入点，实现孔洞填充（选中一块区域）。

添加点：该命令表示在无序点对象内添加一些点（在平面上创建）。

偏移点：该命令按照用户指定距离将无序点往其法向移动。

法线：内含修复和删除，删除法线后点云呈现黑色，统一法线后点云具有统一的颜色（着色）。

扫描线：内含插补和顺序，将无序扫描线数据转换为有序点数据（激光扫描仪）。

拟合：内含平面和圆柱面，表示把选中点云区域压缩成指定形状。

点处理命令的介绍，使我们对各个命令的实际运用有了进一步的掌握。实例中包含点处理技巧和实际经验，而针对每个具体工件处理时需个人不断总结，以得到最优的处理结果。

任务三　多边形阶段

在多边形阶段，有许多命令来调整三角面。其包括三角形删除、光滑曲面的多种方法、填充孔和边修补技术。简化是在保持主要曲面结构的基础上，减少多边形数量的方法。快速原型（抽壳、加厚和偏移多边形曲面）的本质是“快速”，只需轻轻一点便可完成操作，为了改进曲面，松弛、重定义、填充孔、锐化、平面截面、偏移曲面、抽壳曲面、加厚曲面和松弛/拟合边界工具能改变点集的坐标系和增加一些点。

多边形阶段处理非常重要，因为处理后的模型必须具有最好的质量，才能进入 Shape 阶段，为生成 NURBS 曲面做准备。

一、基本处理命令与目标

三角网格面基本处理目标：熟悉初级阶段的常用命令，通过填充孔、去除特征、网格医生、编辑边界、简化、松弛/砂纸等基本操作实现多边形的规则化，使模型表面变得更加光滑，为后续曲面模块打下基础。命令见表 3-4。

表 3-4　三角网格面基本处理图标、命令及解释

图标	命令及解释
	填充孔：探测并填补多边形模型的孔洞
	去除特征：删除选择的三角形并填充产生的孔
	网格医生：　自动修复多边形网格内的缺陷
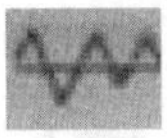	编辑边界：修改多边形模型的边界
	简化：减少三角面的数量但不影响曲面的形状或颜色
	松弛/砂纸：最大限度减少单独多边形间的角度

三角网格面高级处理目标：使用填充孔命令修补丢失数据，用锐化向导还原模型的棱角，平面截面修剪多边形，创建基准将多边形对齐到世界坐标系等。最终目的要生成一个封闭的、光顺的多边形模型。命令见表 3-5。

表 3-5　三角网格面高级处理图标、命令及解释

图 标（或指令）	命 令 及 解 释
	锐化向导：对多边形的曲率较大处进行锐化
	有界组件：删除选择的三角形并填充产生的孔
工具—拟合	拟合到平面：根据点云拟合为平面
	拟合孔：根据边界拟合为孔
工具—伸出	伸出边界：将选择的自然边界投射到与其垂直的平面
	平面截面：使用平面截取多边形，形成规则的平面边界

二、三角网格面处理案例

操作步骤：

（1）打开素材 sjwgm. wrp 文件。启动 Geomagic Wrap 软件后，点击图标或按 Ctrl+O，或拖动数据到视窗里，打开 sjwgm. wrp 文件。该模型为石狮点云，含有 68 万个点，如图 3-11 所示。

图 3-11　石狮子模型

（2）封装。点击工具栏下的图标，进入封装对话框，直接点击“确定”，软件将自动将点处理为三角面模型。

（3）选择边界。点击选择工具栏下的图标，点击“应用”后点击“确定”。退出命令后按 Delete 键进行删除（红色被选中区域）。

（4）填充单个孔。点击特征工具栏下的图标，滚动鼠标滚轮将模型放大，按住鼠标滚轮拖动对模型进行旋转，点选每一个孔的边界（除底座端面），系统自动进行修补，如图 3-12 所示。

扫码看彩图

图 3-12　填充孔

注意：填充出错后，可按 Ctrl+Z 取消填充。

若直接填充效果不佳（明显痕迹），按 Ctrl+Z 撤销后，使用部分填充（图标）；或点击右键，弹出快捷菜单，如图 3-13 所示，点击“选择边界”对边界层进行再次清理。具体使用方法：点击有问题的边界，系统将自动选中边界层，再次点击将扩展选区，选择后按 Delete 键，删除红色区域。

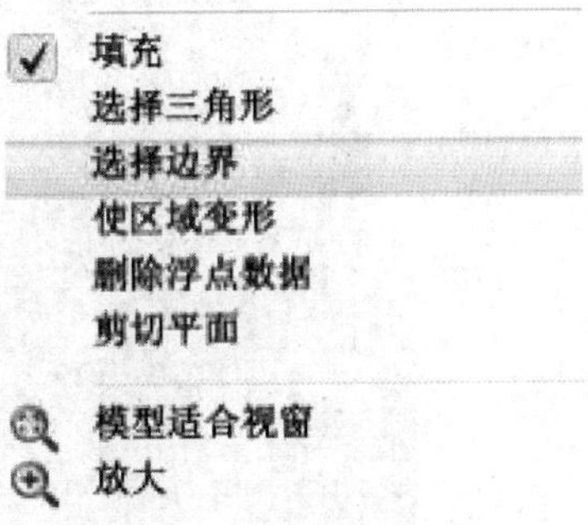

图 3-13　快捷菜单

（5）去除特征。滚动鼠标滚轮放大模型，看见有很多贴有标志点的痕迹，使用蜡笔选择工具（图标），在凸起边界画一个圈，将其全部选中，点击多边形工具栏下的去除特征图标，软件将自动去除凸起部分，按 Ctrl+C 取消选择（取消红色区域），如图 3-14 所示。

注意：在管理器面板的显示栏，勾中显示边，如图 3-15 所示，更容易看清贴标志点的地方。

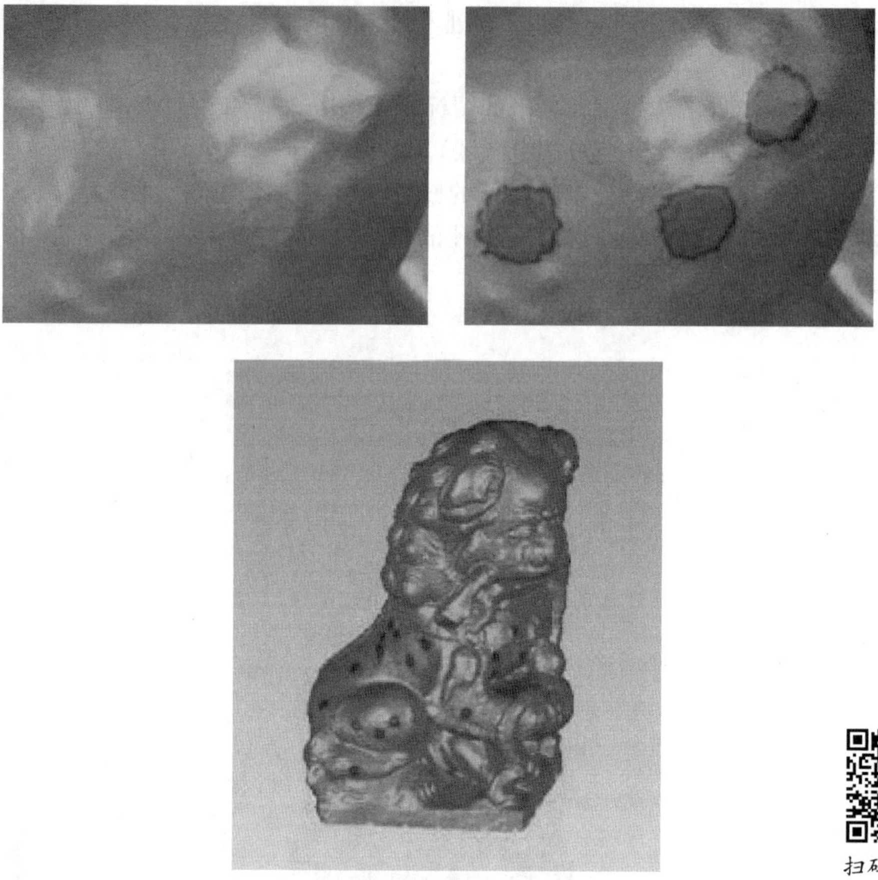

扫码看彩图

图 3-14　去除特征

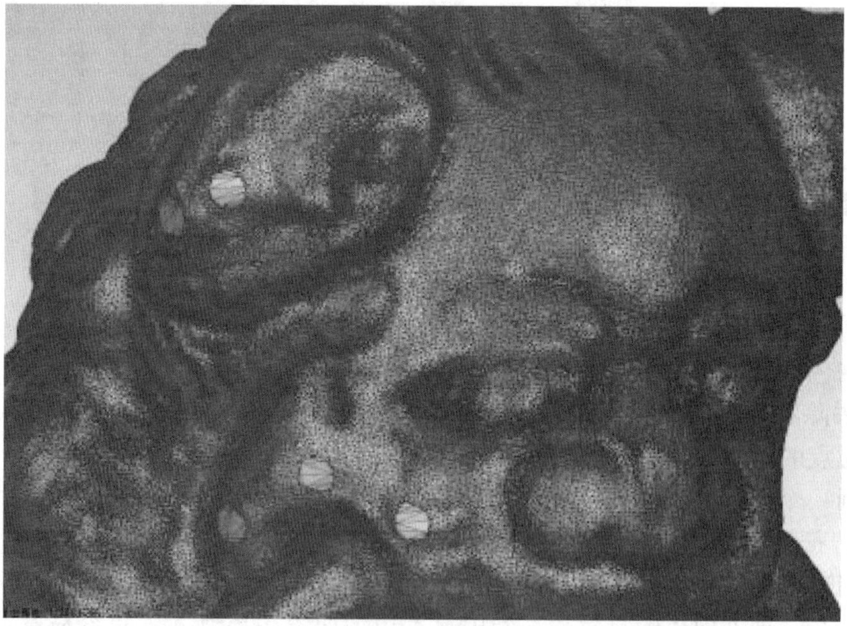

图 3-15　边显示

（6）网格医生。点击多边形工具栏下的网格医生图标，软件将自动选中有问题的网格面，点击“应用”后点击“确定”，如图 3-16 所示。

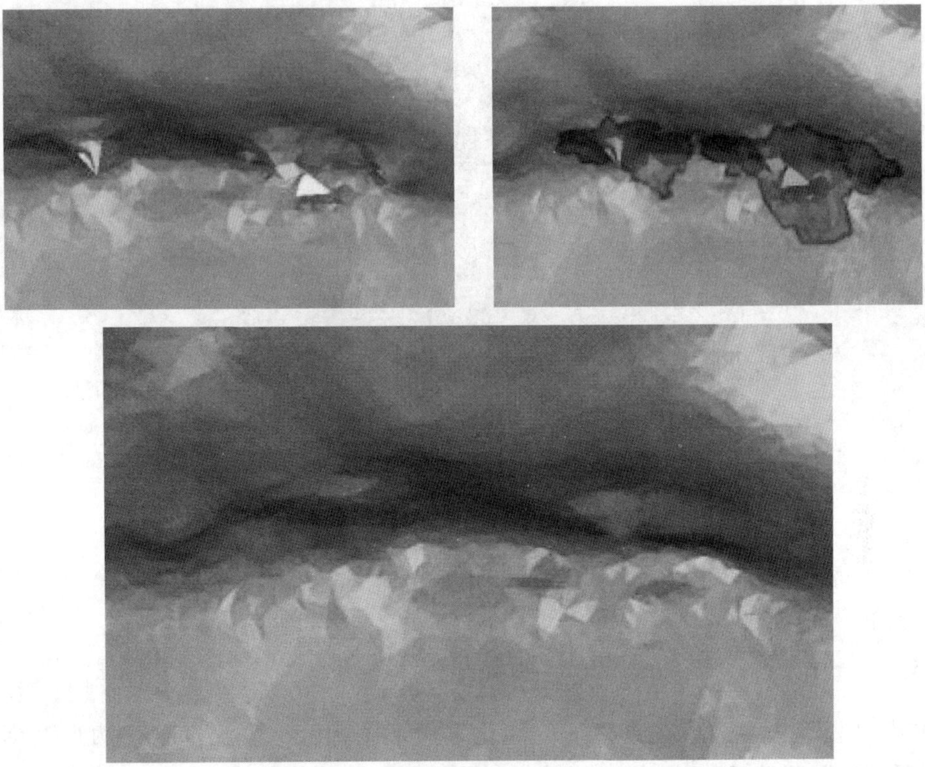

图 3-16　网格医生

（7）投影边界到平面。按 Ctrl+D 进行全屏显示，点击多边形工具栏下的移动，选择投影边界到平面图标。首先点击狮子底座的边界，在“鼠标使用项”选择定义平面，定义中选择最佳拟合，点击“应用”后点击“确定”，如图 3-17 所示。

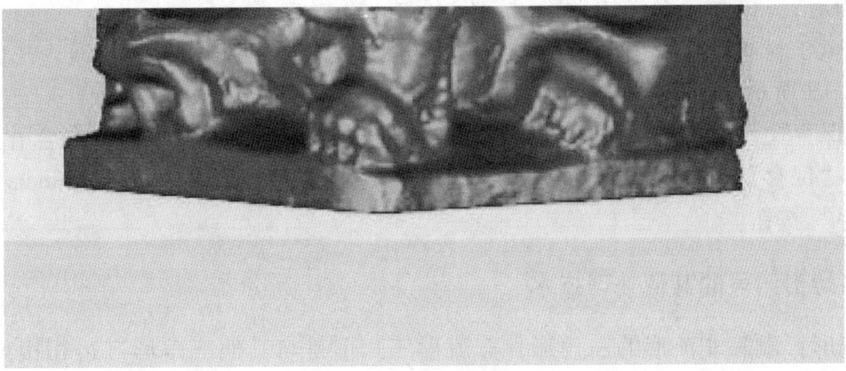

图 3-17　投影边界到平面

（8）平面截面。点击特征工具栏下的平面截面图标，弹出平面截面对话框。类型选择“拾取边界”，点击底座边界，位置度设为-0.5mm，点击“平面界面”按钮，再点击

“删除所选择”，删除底座下段区域，再点击“封闭相交面”，最后点击“确定”退出命令，如图 3-18 所示。

图 3-18　平面界面

(9) 简化。点击多边形工具栏下的简化多边形图标，弹出简化多边形对话框，将“减少到百分比”设为 70 后，勾选“固定边界”，点击“应用”后点击“确定”。

(10) 松弛/砂纸。点击多边形工具栏下的松弛图标，弹出松弛对话框，强度调至第 2 格，勾选“固定边界”，点击“应用”后点击“确定”。松弛针对整个模型，而砂纸用于局部优化。

(11) 减少噪声。点击多边形工具栏的图标，进入减少噪声对话框，点击“应用”后点击“确定”。该命令在多边形阶段同样有效。

(12) 赋予材质。在视窗工具栏勾选标准材质的显示，选择 moss 纹理，并选中反射按钮，如图 3-19 所示。

(13) 保存文件。扫描数据处理完成了，在左边管理器面板中右键点击合并点 1（三角面），选择“保存”，弹出保存对话框，输入文件名，保存类型选择 STL(binary) 文件后，点击“保存”按钮。

三、多边形阶段的其他处理技术

创建流形：删除非流形的三角形，非流形三角形是与其他三角形三边相接或两边相接的三角形。

使用曲线裁剪：该命令通过在多边形模型上创建曲线进行裁剪。

使用薄片裁剪：该命令通过在视窗中创建曲线并建面进行裁剪。

增强表面啮合：在高曲率区域增加点而不破坏形状，便于后续的曲面创建。

图 3-19　贴材质

优化边缘：对多边形模型重分三角面，更好地定义高曲率区域。
重新封装：对已有的三角面进行再次封装。
修复工具：包含编辑多边形、修复法线、翻转法线、拟合到平面、拟合到圆柱。
删除钉状物：检测并展开多边形网格上的单点尖峰。
快速平滑：使多边形更加平滑，并使三角形的大小一致。
合并：将多个多边形进行降噪、全局注册、采样处理，最后合并为一个多边形。
联合：直接将多个多边形进行合并，生成一个多边形。
布尔：对多个多边形进行布尔运算（合并、相交、相减等）。
平均值：根据多个多边形的平均值，建立一个新的三角面。
抽壳：对多边形进行偏移，两片多边形形成壳体。
加厚：根据多边形方向进行一定厚度加厚。
偏移：根据多边形方向进行一定距离偏移。
偏移所选的：对选取的区域进行一定距离的偏移。
浮雕：在多边形网格上根据浮雕图像文件进行多边形修改。
雕刻：该命令用于多边形上雕刻图形或文字。
松弛边界：松弛边界周围的三角面，使边界更加光顺。
直线化边界：在边界上点取两点，将选中的边界变为直边。
细分边界：该命令用于在边界上创建端点，进行边界细化。
延伸边界：根据边界区域的曲率变化延长边界。
创建：根据样条、多义线、选取区域创建边界。
删除：包含删除所选边界、所有边界、细分点。

转换为点：从多边形阶段转换为点处理阶段。

从截面创建：用平面与模型截取截面线。

从边界创建：将边界以曲线的方式抽取出来。

绘制：该命令用于在多边形上绘制曲线。

抽取：该命令用于在高曲率区域进行曲线抽取。抽取后的曲线可以进行重新采样、删除、转换为边界或只有曲线。

对多边形处理的介绍，使我们对各个命令的实际运用有了进一步的掌握。在实际操作中多总结技巧，积累处理方法，以达到对模型进行表面处理得到客户所需模型。

任务四　Geomagic Wrap 形状阶段

为什么我们需要进入形状阶段？因为扫描点云（STL）的表面质量较差且面过多，表面质量较差决定无法应用于机械行业，三角面过多决定了在动漫行业不实用（数据量大）。因此，需要经过形状阶段处理得到质量较好且面较少的 NURBS 曲面。

形状阶段是从多边形阶段转化后经过一系列的技术处理，得到理想的曲面模型。其主要的处理技术是：

（1）轮廓线处理，主要命令有探测轮廓线、探测曲率、编辑轮廓线、提升/约束。

（2）曲面片处理，主要命令有构造曲面片、松弛曲面片、移动曲面片。

（3）栅格处理，主要命令有构造栅格。

（4）NURBS 曲面处理，主要命令有拟合曲面、合并曲面。最后得到的 NURBS 曲面能作为 IGES/STEP 文件输出，并能输入任何 CAD/CAM 系统中。

一、曲面构造的命令与目标

基于探测曲率构造曲面目标：学习如何在一个多边形对象上拟合 NURBS 曲面，使用一些基本命令改变曲面片的布局。命令见表 3-6。

表 3-6　基于探测曲率构造曲面图标、命令及解释

图 标	命 令 及 解 释
	精确曲面：将多边形阶段转换为形状阶段
	探测曲率：在高曲率区生成轮廓线
	升级/约束：修改曲面片线、轮廓线
	构造曲面片：轮廓线与边界线生成一个曲面片边界结构
	移动面板：重新排列曲面片

续表 3-6

图 标	命 令 及 解 释
	松弛轮廓线或曲面片：沿轮廓线长度放松张力，使其光顺
	修理曲面片：对有问题的曲面片进行检查和修复
	构造格栅：对曲面自动参数化，由稠密的四边形构成
	拟合曲面：在对象上自动生成一个 NURBS 曲面

基于探测轮廓线构造曲面目标：使用探测轮廓线工作流程在多边形模型上创建一个 NURBS 曲面。命令见表 3-7。

表 3-7 基于探测轮廓线构造曲面图标、命令及解释

图 标	命 令 及 解 释
	探测轮廓线：探测曲率变化较大区域，再进行轮廓线抽取
	编辑轮廓线：修改轮廓线和扩展结构
	细分或延伸：对轮廓线进行编辑，包括细分和延伸
	构造曲面片：轮廓线与边界线生成一个曲面片边界结构
	压缩曲面片层：移除或细分整行曲面片
	构造格栅：对曲面自动参数化，由稠密的四边形构成
	拟合曲面：在对象上自动生成一个 NURBS 曲面

形状阶段的高级编辑目标：学习如何指定尖边轮廓，以便在 CAD/CAM 系统里输出的曲面能够在尖轮廓上倒圆角；使用特征保存孔的位置，并用特征裁剪曲面；应用模板到一个模型上。命令见表 3-8。

表 3-8　形状阶段的高级编辑图标、命令及解释

图 标	命 令 及 解 释
	指定尖角轮廓：对多边形的曲率较大处进行锐化
	最佳拟合：删除选择的三角形并填充产生的孔
	曲面片模板：根据点云拟合为平面
	裁剪：使用平面截取多边形，形成规则的平面边界

二、NURBS 曲面创建案例

（1）打开素材 qmcj. wrp。启动 Geomagic Wrap 软件后，点击图标，打开 qmcj. wrp 文件。该模型为钣金件点云，包含了 8 万个三角形。

（2）精确曲面。点击精确曲面工具栏下的精确曲面图标，弹出新建曲面片布局图对话框，点击“确定”进入形状编辑状态。

（3）探测轮廓线。点击精确曲面工具栏下的探测轮廓线图标，弹出探测轮廓线对话框。点击“计算”，系统将自动计算高曲率带，若系统没探测出高曲率区域，则使用蜡笔工具手动选择高曲率区域（规划曲面片划分），选取完后点击“抽取”，进行轮廓线提取，如图 3-20 所示。

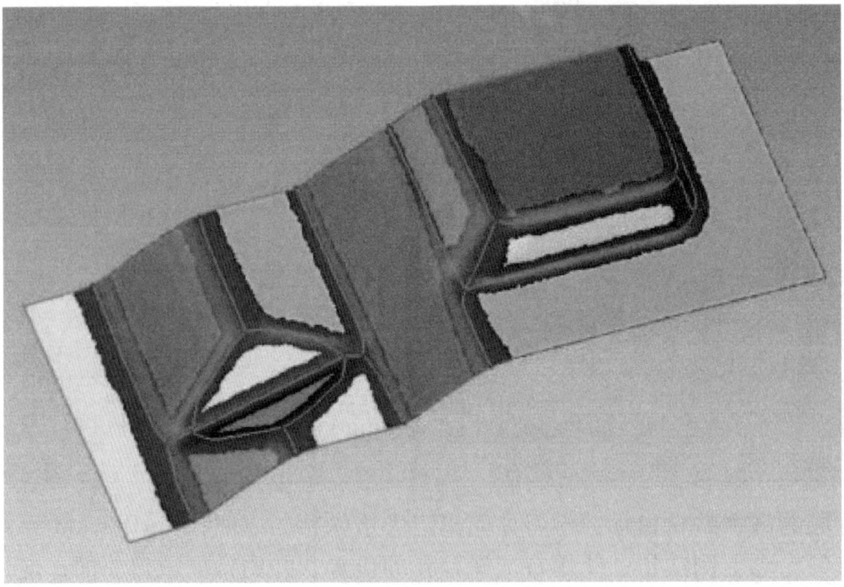

图 3-20　特征裁剪

（4）编辑轮廓线。点击精确曲面工具栏下的编辑轮廓线图标，弹出编辑轮廓线对话框。点击“细分”后，再点击“接受”。点击收缩图标，再选中深红色点之间的轮廓线将其删除。发现该凹槽另一端也有这个情况，同样方法将其去除掉，如图 3-21 所示。

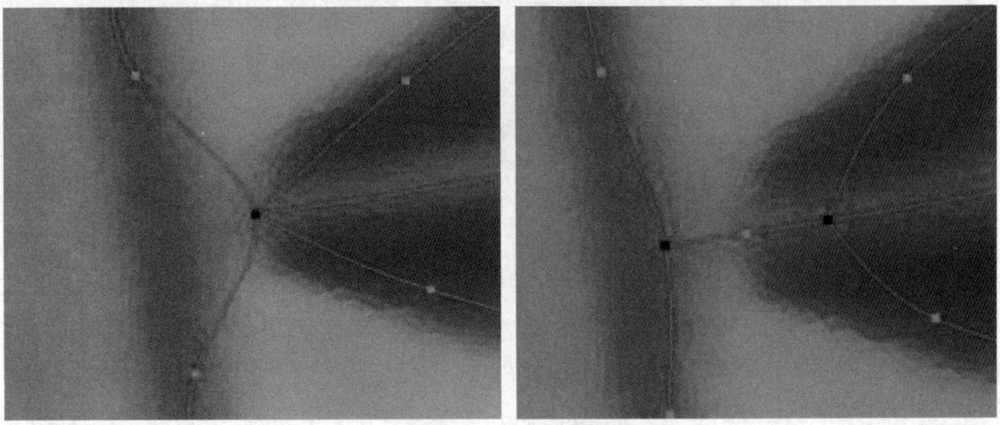

图 3-21　收缩轮廓线

扫码看彩图

点击绘制图标，再选中深红色顶点，按住左键移动正确位置，如图 3-22 所示。查看所有轮廓线，移动顶点，使轮廓线到高曲率带的中间。

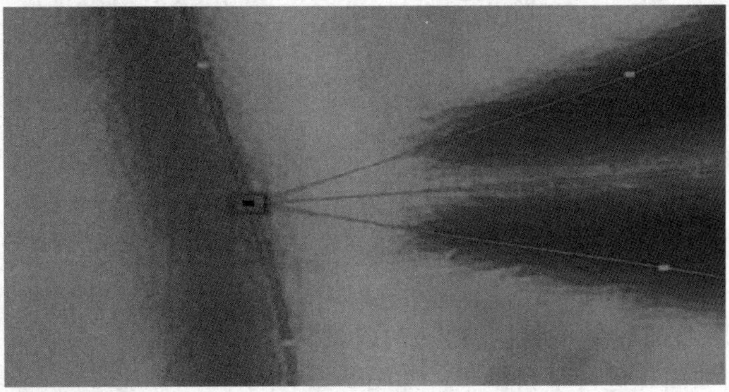

扫码看彩图

图 3-22　移动顶点

（5）松弛轮廓线。点击精确曲面工具栏下的松弛轮廓线图标，系统将自动松弛全部轮廓线。

（6）细分/延伸。点击精确曲面工具栏下的细分/延伸轮廓线图标，弹出细分/延伸轮廓线对话框，选中“延伸”复选框，选择所有倒圆的轮廓线，点击“延伸”。系统将沿着轮廓线的两边延伸出黑色的网格线，如图 3-23 所示。

系统弹出已检查到相交轮廓，放大图形，发现左边出现交叉线，点击“修理曲面片”图标，拖动绿色的节点将其分开，如图 3-24 所示。

（7）构造曲面片。点击精确曲面工具栏下的构造曲面片图标，弹出构造曲面片对话框，选中“自动估计”，点击“应用”后点击“确定”。

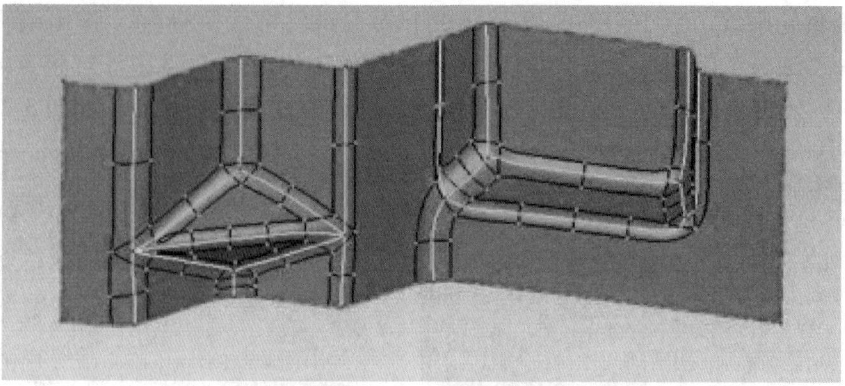

图 3-23　细分/延伸

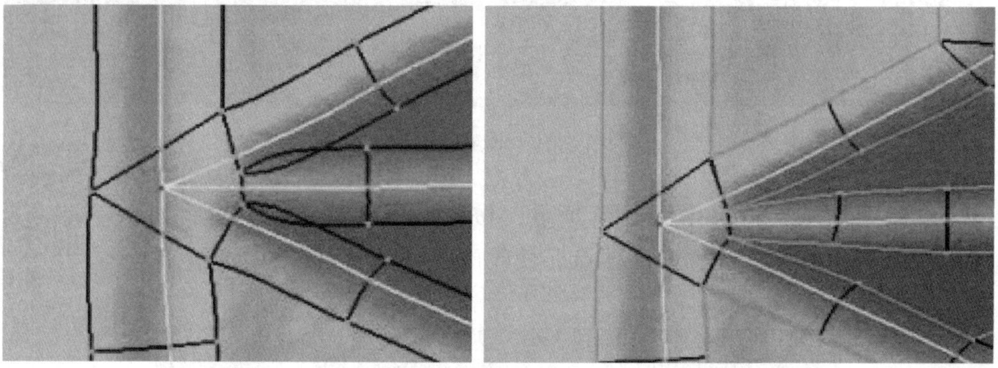

图 3-24　修理曲面片

扫码看彩图

（8）移动曲面片。点击精确曲面工具栏下的移动面板图标，弹出移动曲面片对话框，首先选中一块曲面片，再依次点击曲面片的四个端点。我们看见上面的顶点数 1，下面 1，左边 4，右边 6，我们需要将对面的变为一样，且倒圆边不能改变。选中“添加/删除 2 条路径”，右边类型选择“栅格”，点击 4 个顶点的轮廓线，将其顶点数变为 6，点击“执行”系统将对曲面片进行重新排布，如图 3-25 所示。

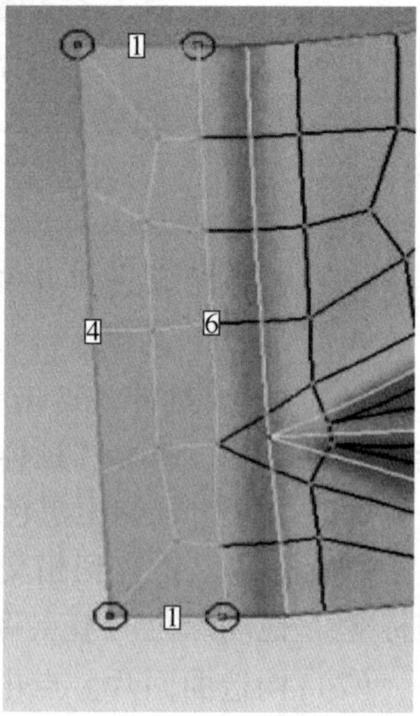

图 3-25　移动曲面片 1

点击“下一个”，选中另外一端曲面片，依次选中四个端点，发现上面的顶点数 2，下面 2，左边 4，右边 2，我们需要将对面的变为一样。4 和 2 的边界都是倒圆，则必须修改一端。选中“添加/删除 2 条路径”，右边类型选择“栅格”，点击右边 2 个顶点的轮廓线，将其顶点数变为 4 ，点击“执行”系统将对曲面片进行重新排布，如图 3-26 所示。

使用同样的方法对其余曲面片进行重新排列，最后效果如图 3-27 所示。

（9）松弛曲面片。点击精确曲面工具栏下的松弛曲面片图标，系统将自动松弛高曲率和褶皱较多曲面片。

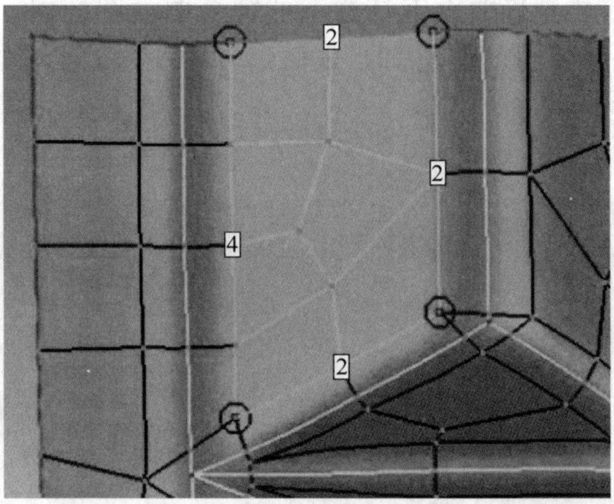

图 3-26　移动曲面片 2

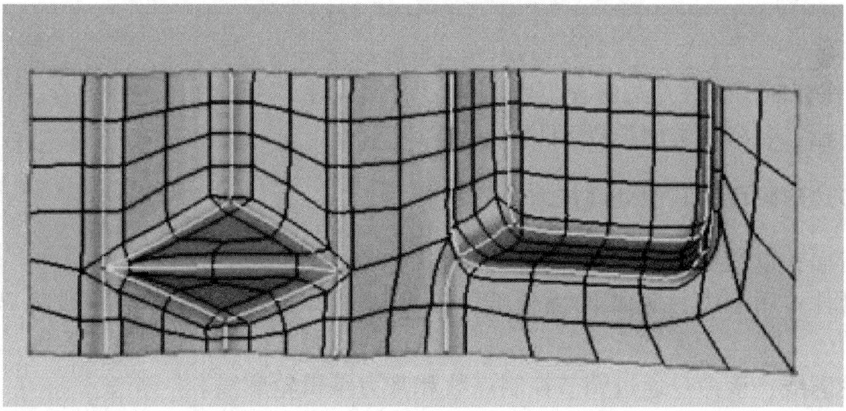

图 3-27　面片排列

（10）构造格栅。点击精确曲面工具栏下的构造栅格图标，弹出构造栅格对话框，点击“应用”后点击“确定”，如图 3-28 所示。

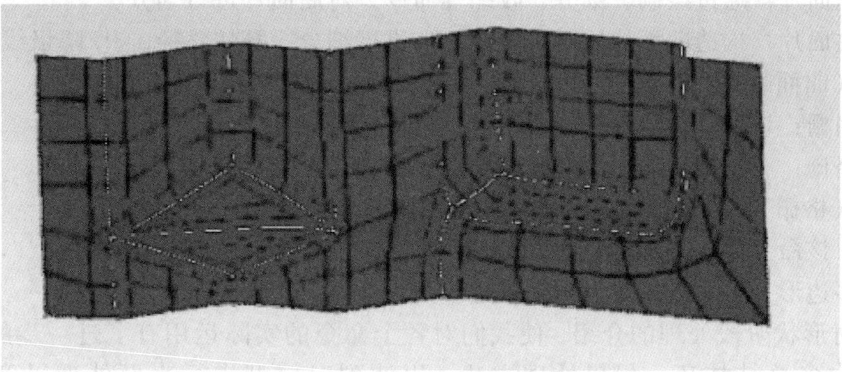

图 3-28　构造格栅

（11）拟合曲面。点击精确曲面工具栏下的拟合曲面图标，弹出拟合曲面对话框，选择“常数”拟合方法，控制点输入 12，表面张力输入 0. 25，点击“应用”后点击“确定”，如图3-29 所示。

图 3-29　拟合曲面

（12）保存曲面。在左边管理器面板中，右键点击“钣金”，选择保存。保存时选择相应目录并输入名字，类型选择 STEP-ap203 或 IGES。

三、多边形阶段的其他处理技术

自动造面：以最少的交互自动创建 NURBS 曲面的模式。

编辑延伸：用于边界延伸的黑色线。若延伸后，再使用编辑轮廓线将破坏现有的划分。

拟合轮廓线：该命令通过调节控制点数和张力编辑轮廓线。

重采样轮廓线：该命令对轮廓线进行重新划分。

取消所有固定顶点：解除对象上所有固定顶点。

移动曲率线：探测曲率后对具体曲面片进行细分、翻转路径、升/降级线。

删除（轮廓线）：该命令用于删除存在的细分/延伸、轮廓线、曲率线。

绘制曲面片：通过绘制、细分、收缩等命令，对曲面片进行划分。

移动曲面片：构造曲面片后对具体曲面片进行细分、翻转路径、升/降级线。

删除（曲面片）：该命令用于删除存在的曲面片、退化角点、延伸。

松弛格栅：该命令将对存在的格栅进行整体松弛。

编辑格栅：有使格栅变形、移动格栅点、移动/标记流线等命令。

删除（格栅）：该命令用于删除存在的格栅。

偏差：该命令用于显示构造的 NURBS 曲面与三角模型的偏差。

转为多边形：该命令用于返回到多边形阶段。

通过对形状阶段处理的介绍，使我们对各个命令的实际运用有了进一步的掌握。在实际操作中多总结技巧，积累处理方法，以达到对模型进行表面处理得到客户所需模型。

任务五 Geomagic Fashion 阶段

Fashion 阶段是从多边形阶段转化后经过一系列的技术处理，得到理想的 CAD 曲面模型。其主要的处理技术是：首先根据曲面的曲率变化生成轮廓线，并对轮廓线进行编辑达到理想效果，通过轮廓线的划分将整个模型分为多个曲面；其次根据轮廓线进行延伸并编辑，通过对轮廓线的延伸，完成各个曲面之间的连接，最后对各个曲面进行拟合，得到最后的 CAD 曲面。

一、构建参数化曲面

构建参数化曲面目标：学习如何在一个多边形对象上拟合参数曲面，了解 fashion 阶段的常用命令，见表 3-9。

表 3-9 构建参数化曲面图标、命令及解释

图标	命令及解释
	构造参数化曲面：用于切换到参数化曲面构造阶段
	检查区域：根据曲率变化划分每块区域
	编辑轮廓线：用于添加、修改及移除轮廓线
	区域分类：用于制定每块区域的构造曲面类型
	拟合曲面：根据区域类型拟合相应曲面
	拟合连接：用于拟合面与面之间的倒圆
	修剪并缝合：生成的曲面进行裁剪或缝合，导出 CAD 模型
	参数交换：与通用 3D 软件进行参数曲面的交互

二、参数化曲面创建案例

（1）打开素材 cshqm. wrp 文件。启动 Geomagic Wrap 软件后，点击图标，打开

cshqm. wrp 文件。该模型为铸件点云，包含了 20 万个三角形，如图 3-30 所示。

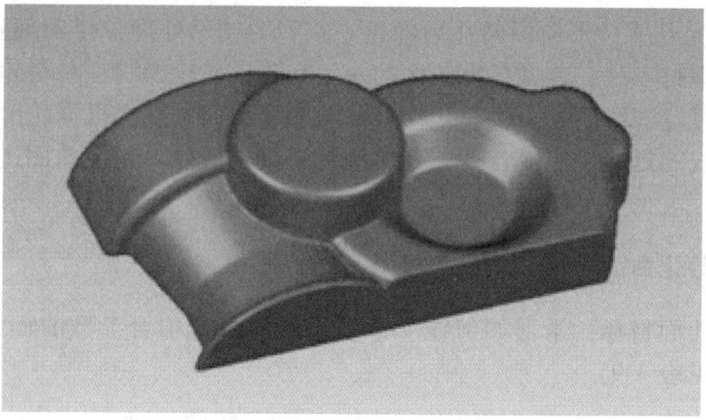

图 3-30　铸件点云

（2）优化三角形。操作步骤如下：

1）点击多边形工具栏下的删除钉状物图标，点击“应用”后点击“确定”。该命令用于检测并展平多边形网格上的单点尖峰。

2）点击多边形工具栏下的减少噪声图标，点击“应用”后点击“确定”。

3）点击多边形工具栏下的松弛图标，将强度拉至第二格，点击“应用”后点击“确定”。该命令用于最大限度减少单独多边形之间的角度，使多边形网格更加光滑。

4）点击多边形工具栏下的简化图标，在减少到百分比栏输入 70%，点击“应用”后点击“确定”。该命令用于减少三角形数量但不影响其细节，勾中固定边界将在边界区域保留更多三角面。

5）点击多边形工具栏下的增强表面啮合图标，点击“应用”后点击“确定”。该命令用于在高曲率区域增加点而不破坏形状。

6）最后保存 STL 文件，后期建模需要。在左边管理器面板中右键点击“1-缝合模型”，选择“保存”，弹出保存对话框，输入文件名“1”，保存类型 STL（binary）后，点击“保存”按钮。

（3）构造参数化曲面。点击参数化曲面工具栏下的构造参数化曲面图标，弹出对话框，点击“确定”进行 Fashion 阶段。

（4）检测区域。点击参数化曲面工具栏下的检测区域图标，点击“计算系统”将自动划分分隔符（曲率带），最后点击“抽取”完成对轮廓线的提取，点击“确定”退出命令。若出现分隔符交叉则按住 Ctrl+蜡笔工具进行清理；若红色分隔符不均匀，必须使用蜡笔工具进行补选，不然后期拟合会出问题，如图 3-31 所示。

（5）编辑轮廓线。点击参数化曲面工具栏下的编辑轮廓线图标，勾选显示栏的“曲率图”，拖动错误点到正确位置（高曲率带），如图 3-32 所示。若需增加节点，直接点击轮廓线并按 ESC 键。

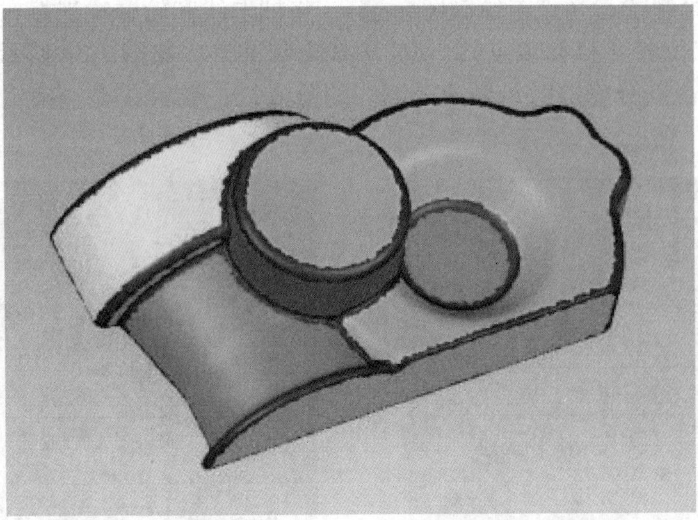

扫码看彩图

图 3-31　检测区域

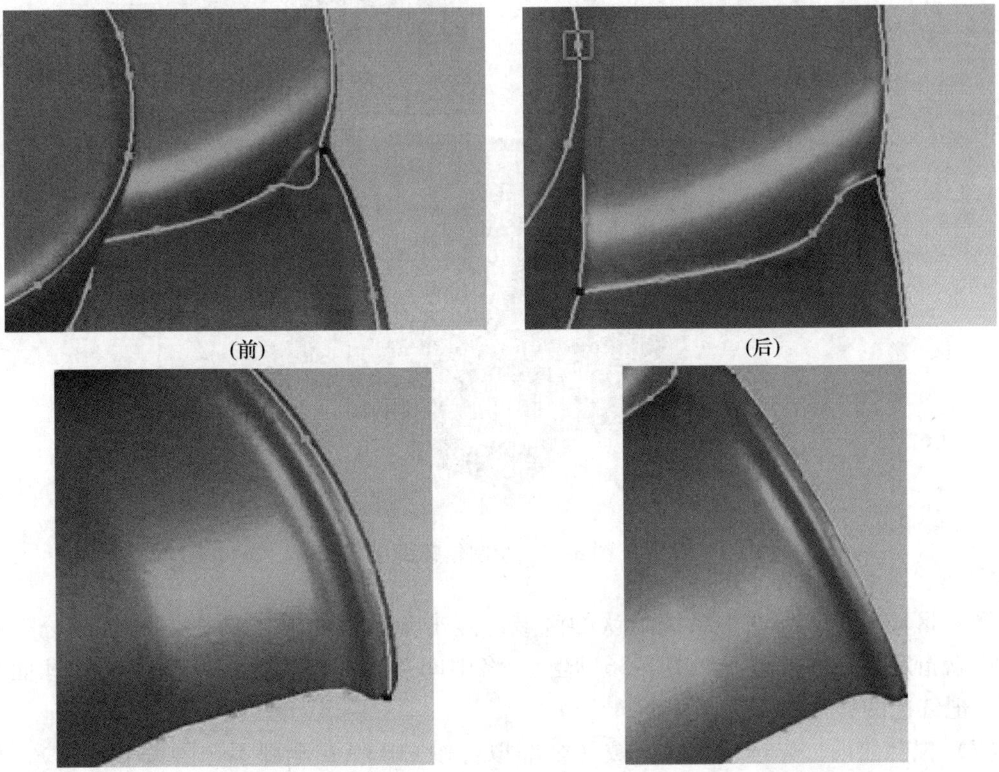

(前)　(后)

(前)　(后)

图 3-32　编辑轮廓线

点击抽取图标，进行轮廓线抽取状态，在未抽取出轮廓线尖角区域点击，如图 3-33 所示，若抽取错误可按 Ctrl+Z 返回。

再次切换到绘制状态（点击绘制图标），将抽取线和轮廓线连接在一起（绘制轮廓线），并调节节点位置（移动顶点），使轮廓线更加准确。如图 3-34 所示，点击修改分隔符图标，点击更新分隔符赋予新建轮廓线的分隔符。最后点击“确定”退出命令，如图 3-35 所示。

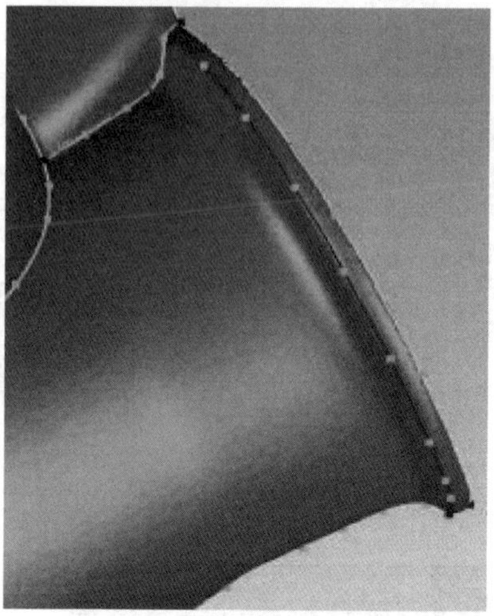

图 3-33　抽取轮廓线

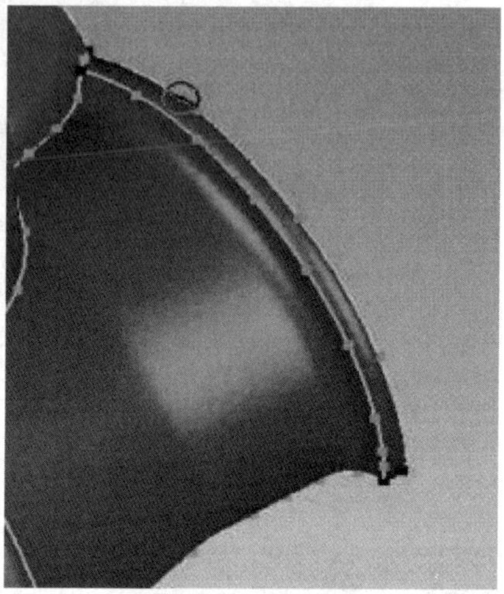

图 3-34　绘制轮廓线

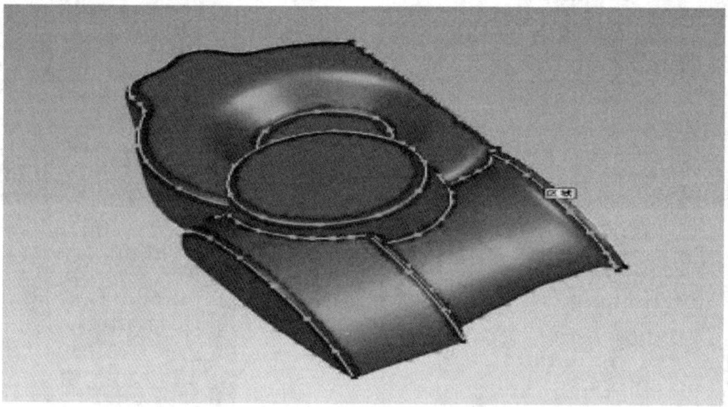

图 3-35　绘制轮廓线

（6）区域分类。先选中系统默认的区域，点击参数化曲面工具栏下的区域分类图标，重新指定其曲面类型，如图 3-36 所示。将中间顶面指定为平面，深绿色的球面变为平面，把红色的异性面变为圆柱面。

（7）拟合曲面。先选中全部区域（全部拟合按 Ctrl+A，全部不选则按 Ctrl+C），再点击参数化曲面工具栏下的拟合曲面图标。点击“应用”后点击“确定”，弹出错误对话框，如图 3-37 所示。表示有些面拟合过程出现问题（误差较大的曲面用橘红色标识，有问题曲面用红色标识）。

发现 1 区域呈现橘红色，表示这个面的拟合精度不高，需要调整该回转面的拟合精度，如图 3-38 所示。

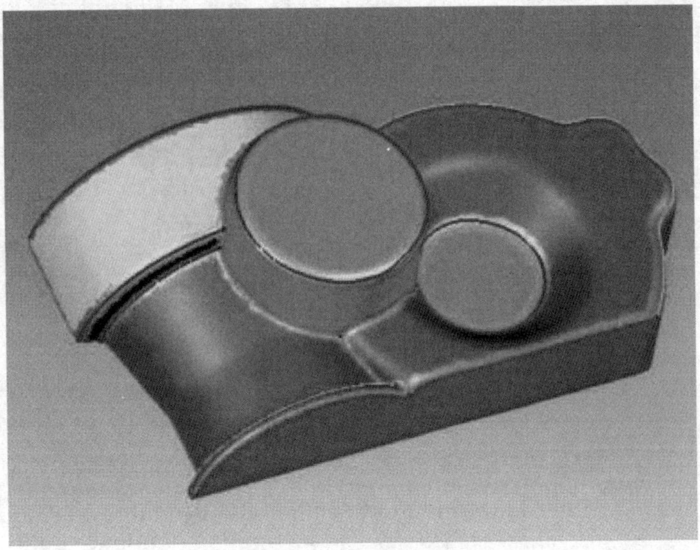

扫码看彩图

图 3-36 指定曲面类型

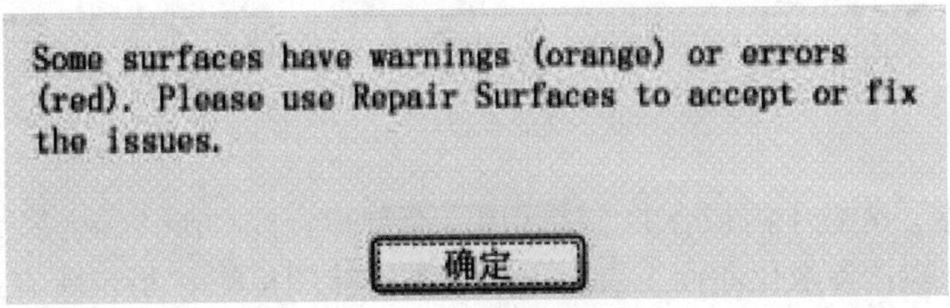

图 3-37 错误对话框

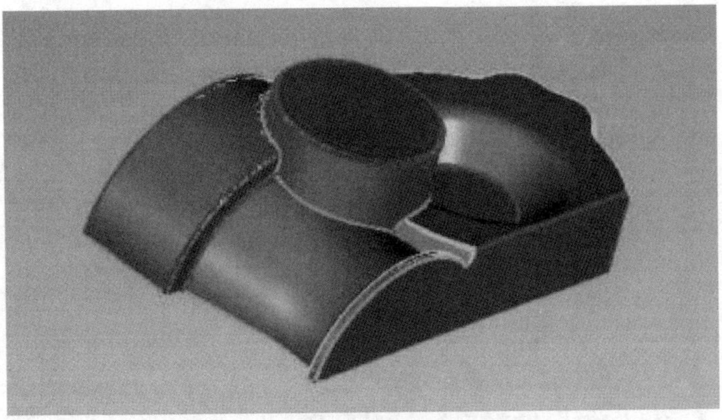

扫码看彩图

图 3-38 曲面拟合

先选中该面，再点击参数化曲面工具栏下的编辑剖面图标，弹出横截线的拟合程度，如图 3-39 所示，黄色线为拟合线，两种蓝色线为点云线。将线段密度调至最大，点击“应用”，发现拟合得更加精确。点击“确定”退出命令，发现该回转面已从橘红色面变为准确曲面的颜色，如图 3-40 所示。

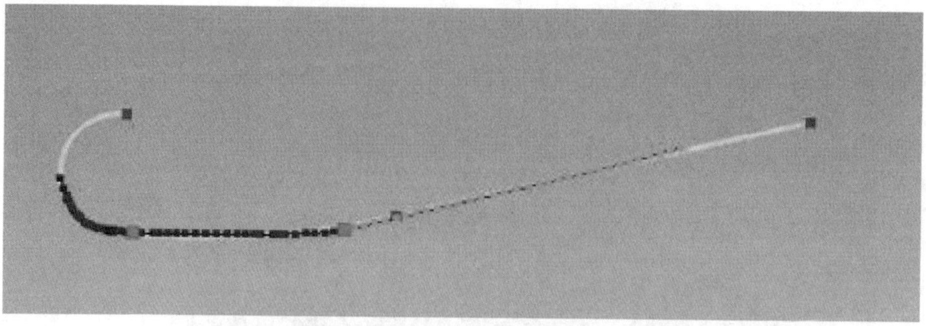

扫码看彩图

图 3-39　曲面拟合

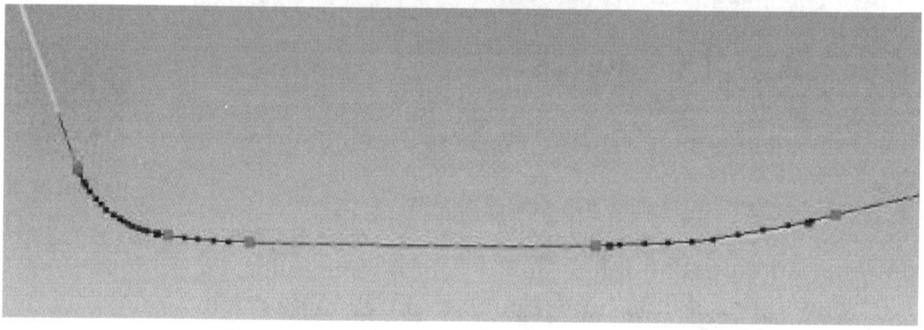

扫码看彩图

图 3-40　改变线段

（8）拟合连接。先选中需拟合的连接区域（全部拟合按 Ctrl+A，全部不选则按 Ctrl+C），定义连接的类型：点击参数化曲面工具栏下的分类连接图标，指定所有连接为恒定半径；再点击参数化曲面工具栏下的拟合连接图标，系统将自动拟合面与面之间的连接，如图 3-41 所示。

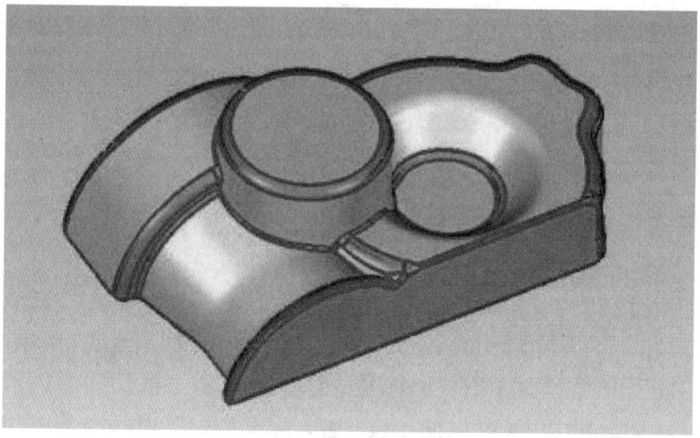

图 3-41　拟合连接（倒圆）

（9）修复曲面。先选中有问题的曲面（全部选择按 Ctrl+A，全部不选则按 Ctrl+C），点击参数化曲面工具栏下的修复曲面图标，点击“全部接受”，最后点击“确定”退出对话框。先不管倒圆出错的部分，在后续 UG 编辑中进行再优化。

（10）修剪并缝合。同样选中所有曲面和连接（Ctrl+A），点击参数化曲面工具栏下的修剪并缝合图标，在生成对象中选择缝合曲面，点击“应用”后点击“确定”，如图 3-42 所示。

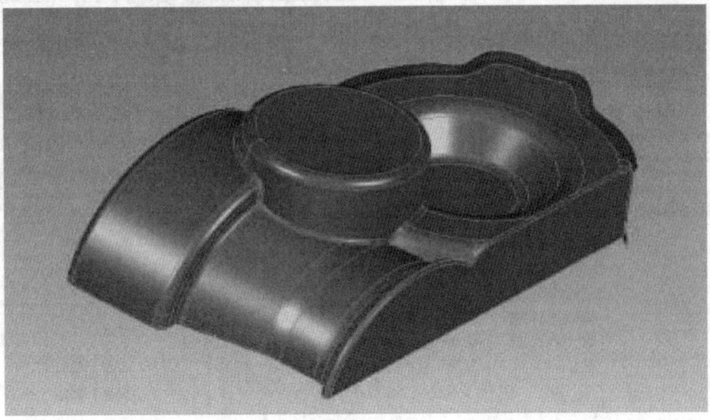

图 3-42　CAD 曲面

（11）保存文件。在左边管理器面板中右键点击“1-缝合模型”（CAD 模型），选择“保存”，弹出保存对话框，输入文件名“1”，保存类型选择 IGES 或 STEP 文件后，点击“保存”按钮。

（12）启动 UG 并打开文件。在桌面上双击或在开始菜单中选择并打开 UG11.0 软件，进入 UG11.0 的工作界面，如图 3-43 所示。

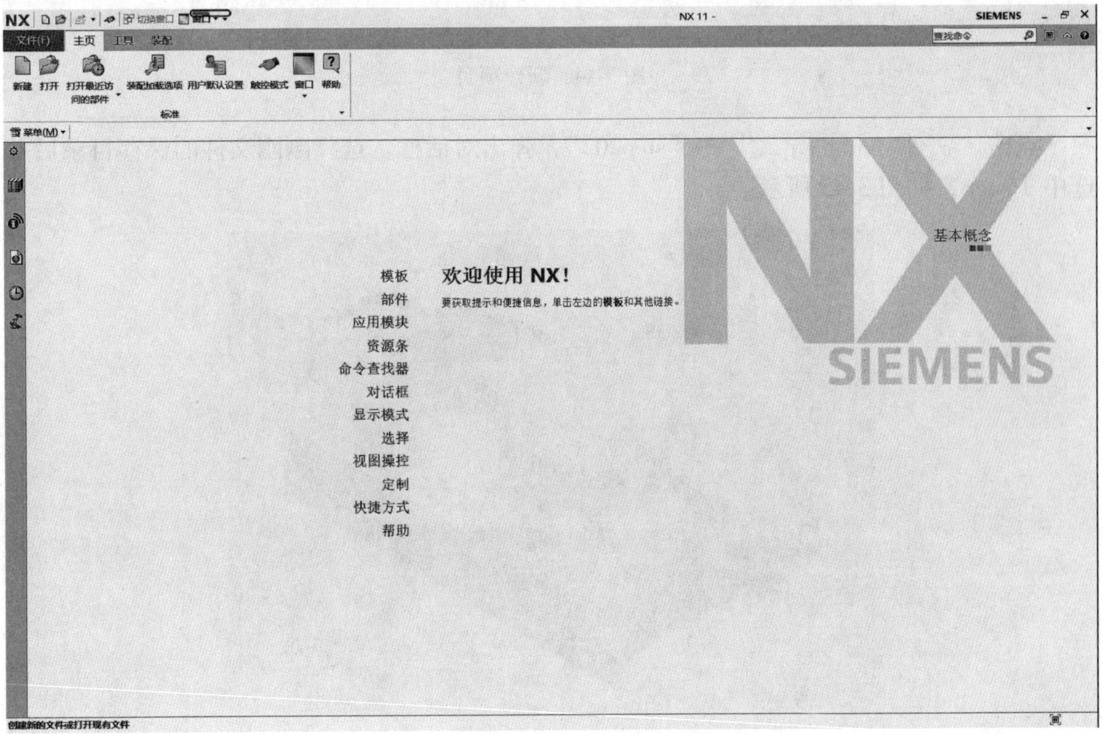

图 3-43　启动 UG11.0

点击“新建”，弹出对话框。输入名字并选择文件目录后点击“确定”。再按 Ctrl+M 进入建模模块，如图 3-44 所示。

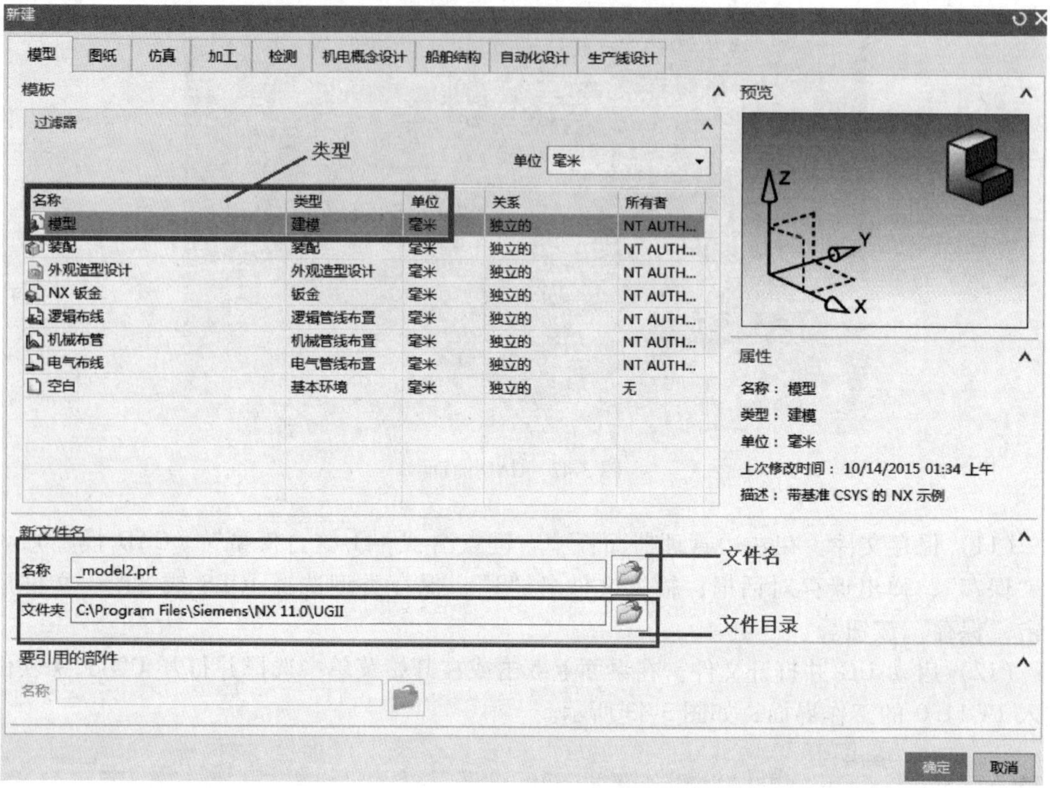

图 3-44　新建项目

点击“文件”—“导入”—“step203”，弹出对话框。选择刚刚文件的保存目录后并选中 1. step，如图 3-45 所示。

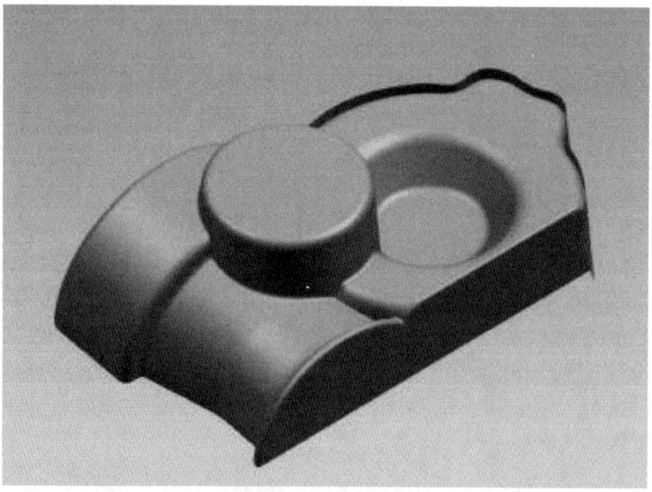

图 3-45　导入模型

点击“文件”—“导入”—“STL”，弹出对话框，选择最开始导出的 STL 文件，单位选择“毫米”，导入后按 Ctrl+B 隐藏点云。

（13）抽取曲面。点击工具栏的抽取体图标或选择菜单栏“插入”—“关联复制”—“抽取体”，弹出该命令的对话框，再去选择需提取的曲面。抽取完所有面后，按 Ctrl+B 隐藏导入的点云。最后提取出来的所有曲面，如图 3-46 所示。

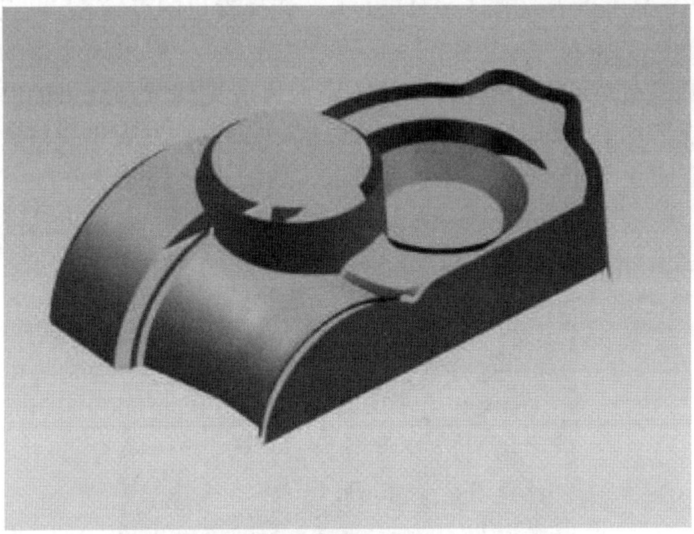

图 3-46　提取曲面

（14）延伸并裁剪曲面。点击工具栏的延伸曲面图标或选择菜单栏“插入”—“修剪”—“修剪与延伸”，弹出该命令的对话框，选择需延伸的边。

点击工具栏的裁剪曲面图标或选择菜单栏“插入”—“修剪”—“修剪片体”，弹出该命令的对话框，首先选中保留曲面，再选择边界曲面进行裁剪。最后效果如图 3-47 所示。

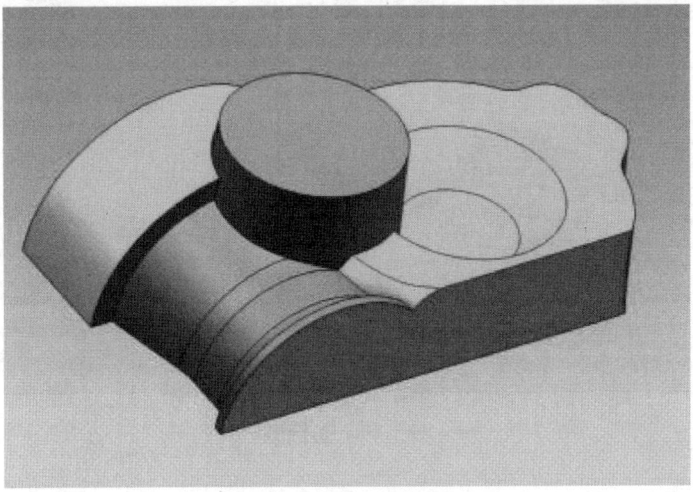

图 3-47　延伸并裁剪曲面

注意：裁剪曲面时边界曲面必须形成封闭区域。延伸及裁剪的详细操作，这里不再赘述，延伸和裁剪需分区域操作，便于观察。

（15）缝合曲面。点击工具栏的缝合曲面图标或选择菜单栏“插入”—“组合”—“缝合”，弹出该命令的对话框，先选择目标曲面，再选中所有工具曲面，点击“应用”后点击“确定”，系统将封闭的曲面缝合为实体。

（16）倒圆。先显示点云（按 Ctrl+Shift+K，选择青色的点云），再点击工具栏的倒圆图标或选择菜单栏“插入”—“细节特征”—“边倒圆”，弹出该命令的对话框。选择顶部的边界进行倒圆，在对话框中点击“预览”，便可看见倒圆与点云的贴合程度，不断修改半径值，直到点云均匀分布。这里默认为 5，点击预览，发现半径过大，则降低倒圆半径观察贴合情况，直至 2mm 时，才能满足要求，如图 3-48 所示。

扫码看彩图

图 3-48　倒圆

同样的方式将其他的边界倒圆。最后的效果如图 3-49 所示。

图 3-49　面倒圆

（17）保存文件。点击工具栏的保存图标或选择菜单栏“文件”—“保存”，系统将保存文件到指定目录，也可导出 X-T/step/iges 等文件。

处理完成后显示点云和实体的贴合程度如图 3-50 所示。

图 3-50　点云和实体的贴合效果

三、多边形阶段的其他处理技术

模板：应用于多个相同模型的建模，提高建模效率。

编辑区域：对每块划分区域进行再次编辑。

编辑曲面：该命令用于修改曲面的详细参数。

约束：该命令用于对曲面进行约束，比如约束几个圆柱面的同轴度。

分类连接：用于指定连接的类型，包含自由形态、恒定半径、尖锐。

格栅半径：该命令用于查看每个连接的半径大小。

修复曲面：对错误的曲面或连接进行修补。

偏差：用于查看面与点云的误差，以色谱图的形式进行反馈。

转换为多边形：再次切换到多边形编辑状态。

通过对参数化阶段的处理介绍，使我们对各个命令的实际运用有了进一步的掌握。使用 Geomagic Wrap 参数化命令，将扫描源文件（处理后）转换至 CAD 软件中进行参数修改，大大缩减逆向设计时间，提高产品的开发效率。

任务六　Geomagic Wrap 操作案例

操作步骤：

（1）打开素材 Wrap-1. wrp 文件。启动 Geomagic Wrap 软件后，点击图标，打开 Wrap-1. wrp 文件。该模型为铸件点云，包含了 13 万个点。

（2）着色。点击工具栏的着色图标，系统将自动计算点云的法向量，赋予点云颜色。

（3）断开组件连接。点击工具栏的断开组件连接图标，弹出选择非连接选项的对话框，在“分隔”选择“低”，然后点击“确定”，退出对话框后按 Delete 键删除选中的非连接点云，如图 3-51 所示。

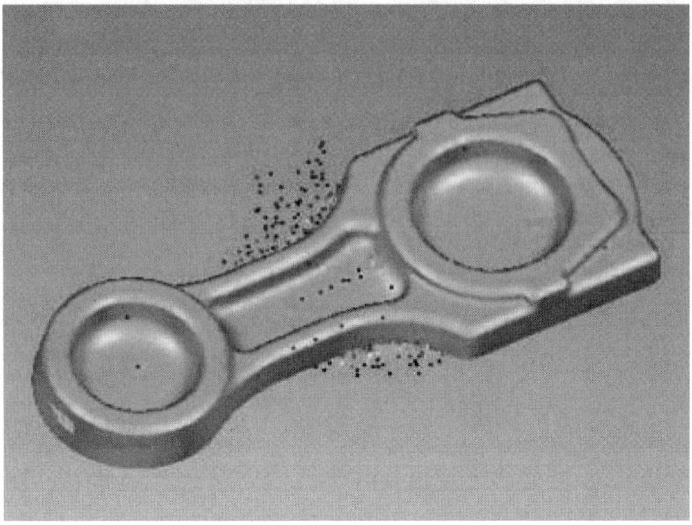

扫码看彩图

图 3-51　断开组件连接

（4）选择体外孤点。点击工具栏的体外孤点图标，弹出体外孤点对话框，将敏感性设置为 100，点击“应用”后点击“确定”，按 Delete 键删除选中的红色点云，该命令使用 3 次。

（5）手动删除。点击矩形选择工具图标，进入矩形工具的选择状态，改变模型的视图（按住中间旋转），在视窗点击一个点，按住鼠标左键进行拖动框选，如图 3-52 所示，按 Delete 键删除选中的红色杂点。

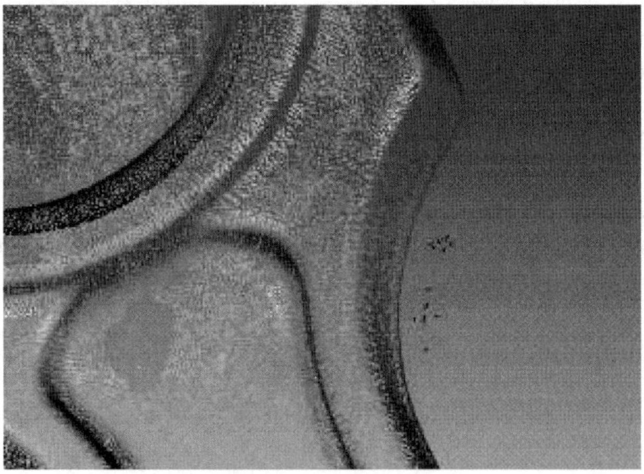

扫码看彩图

图 3-52　手动删除杂点

（6）减少噪声。点击工具栏的减少噪声图标，进入减少噪声对话框，点击“应用”后点击“确定”。该命令有助于使扫描中的噪声点减少到最小，更好地表现真实的物体形状。造成噪声点的原因可能是扫描设备轻微震动、物体表面较差、光线变化。

（7）统一采样。点击工具栏的统一采样图标，进入统一采样对话框，在输入中选择绝对间距，输入 0.2mm，曲率优先拉到中间，点击“应用”后点击“确定”。在保留物体原来面貌的同时减少点云数量，便于删除重叠点云、稀释点云。

（8）封装。点击工具栏的封装图标，进入封装对话框，直接点击“确定”，软件将自动计算。该命令将点转换成三角面，如图 3-53 所示。

图 3-53　封装

（9）填充孔。点击多边形工具栏的选择填充单个孔图标，右键点击空白处，选择“选择边界”，再点击绿色边界，系统将选中边界并往内扩张（左键点击一次则扩展一次），如图 3-54 所示。按 Delete 键删除翘曲边界，右键选择“填充”，再手动去选择需填充的边界，如图 3-55 所示，最后按 ESC 键退出命令。

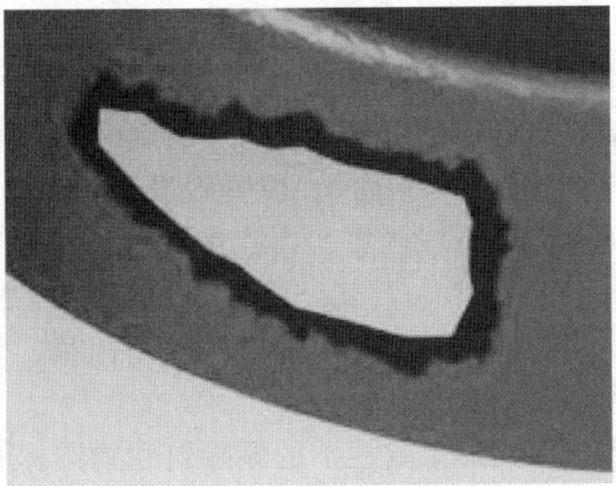

扫码看彩图

图 3-54　清理边界

（10）去除特征。点击蜡笔选择工具图标，进入蜡笔工具的选择状态，选择有问题的三角面，如图 3-56 所示，再点击多边形工具栏的去除特征图标，系统将自动根据红色周围的曲率变化进行光顺。

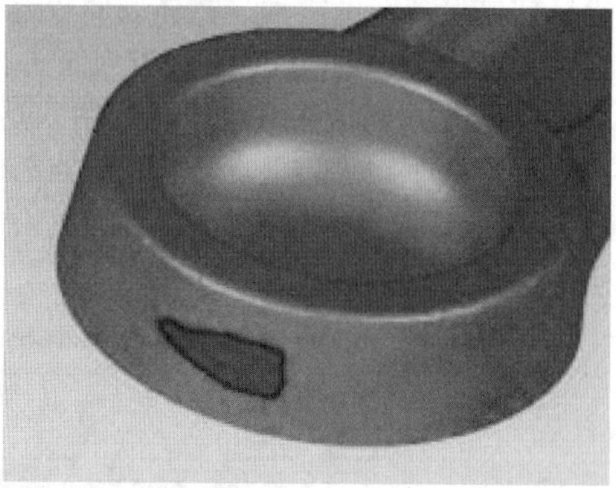

图 3-55　填充孔

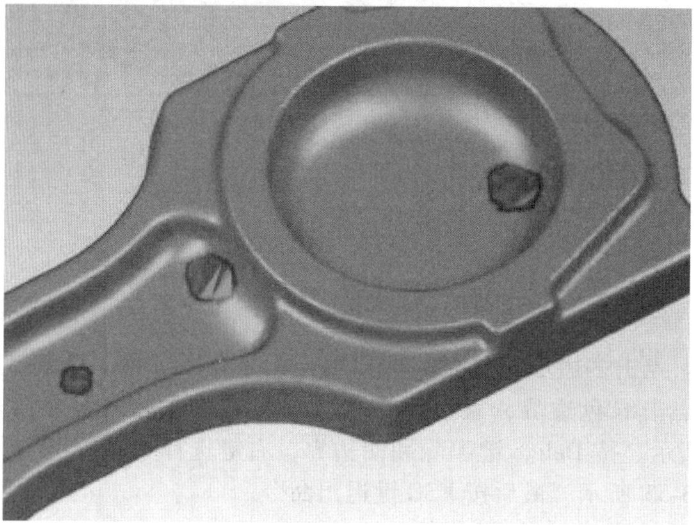

扫码看彩图

图 3-56　去除特征

（11）用平面进行裁剪。点击特征工具栏下的平面截面图标，弹出平面截面对话框。类型选择“系统平面”，平面选择“XY 面”，位置度设为 2mm，点击“平面界面”按钮，再点击“删除所选择”，删除底座下段区域，再点击“封闭相交面”，如图 3-57 所示，最后点击“确定”退出命令。

（12）网格医生。点击多边形工具栏下的网格医生图标，软件将自动选中有问题的网格面，点击“应用”后点击“确定”。

（13）删除钉状物。点击多边形工具栏下的删除钉状物图标，点击“应用”后点击“确定”。该命令用于检测并展平多边形网格上的单点尖峰。

（14）松弛多边形。点击多边形工具栏下的松弛图标，将强度拉至第二格，点击“应用”后点击“确定”。该命令用于最大限度减少单独多边形之间的角度，使多边形网格更加光滑。

（15）简化多边形。点击多边形工具栏下的简化图标，在减少到百分比栏输入 70%，勾中“固定边界”，点击“应用”后点击“确定”。该命令用于减少三角形数量但不影响其

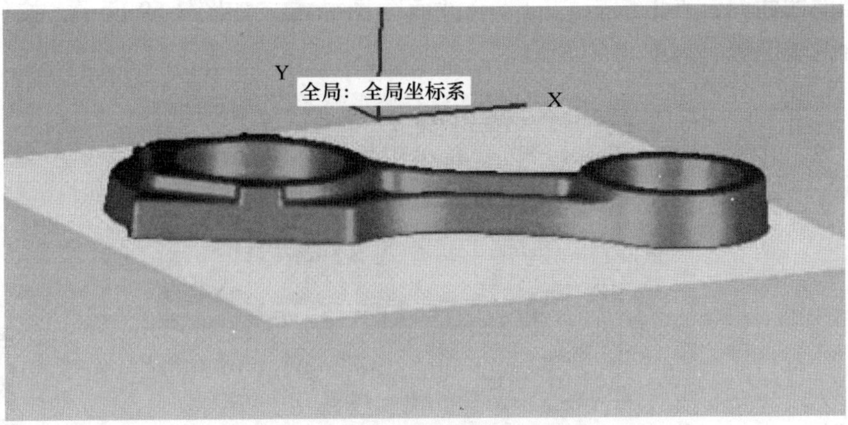

图 3-57　用平面进行裁剪

细节，勾中固定边界将在边界区域保留更多三角面。

（16）增强表面啮合。点击多边形工具栏下的增强表面啮合图标，点击“应用”后点击“确定”。该命令用于在高曲率区域增加点而不破坏形状。

（17）保存三角面。保存 STL 文件，后期建模需要。在左边管理器面板中右键点击“Points”，选择“保存”，弹出保存对话框，输入文件名“Wrap-2”，保存类型选择 STL（binary）后，点击“保存”按钮，如图 3-58 所示。

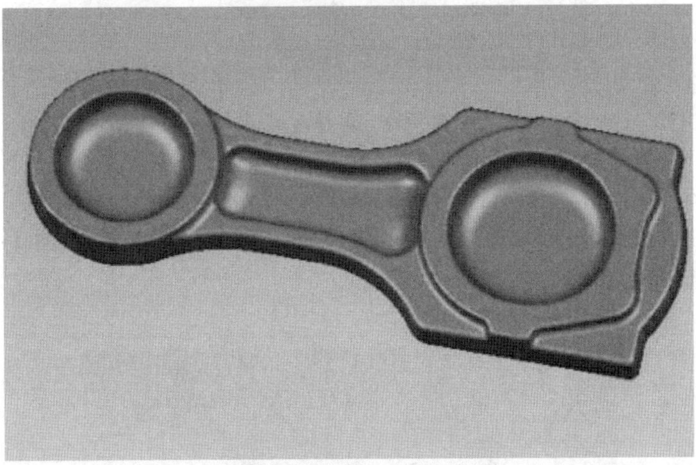

图 3-58　处理后的三角面

（18）构造参数化曲面。点击参数化曲面工具栏下的构造参数化曲面图标，弹出对话框，点击“确定”进行 Fashion 阶段。

（19）检测区域。击参数化曲面工具栏下的检测区域图标，点击“计算”系统将自动划分分隔符（曲率带），最后点击“抽取”完成对轮廓线的提取，点击“确定”退出命令。若出现分隔符交叉则按住 Ctrl+蜡笔工具进行清理；若红色分隔符不均匀，必须使用蜡笔工具进行补选，有些未提取出来的高曲率带，可手动进行绘制。

合并相同的曲面：点击编辑栏的“合并面”图标，如图 3-59 所示，按住鼠标左键拖动并联合两块区域，如图 3-60 所示。

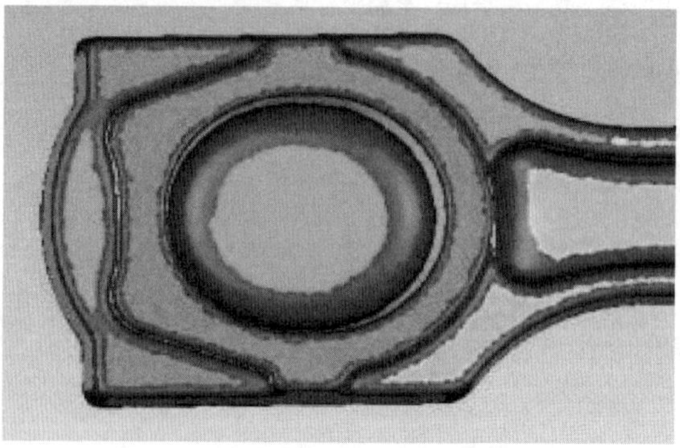

图 3-59　合并区域前

扫码看彩图

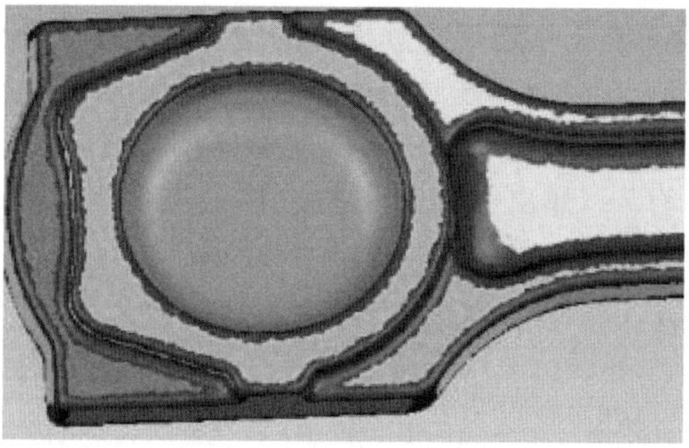

图 3-60　合并区域后

扫码看彩图

（20）编辑轮廓线。点击参数化曲面工具栏下的编辑轮廓线图标，如图 3-61 所示，勾选显示栏的“曲率图”，拖动错误点到正确位置（高曲率带），如图 3-62 所示。若需增加节点，直接点击“轮廓线”并按 ESC 键。

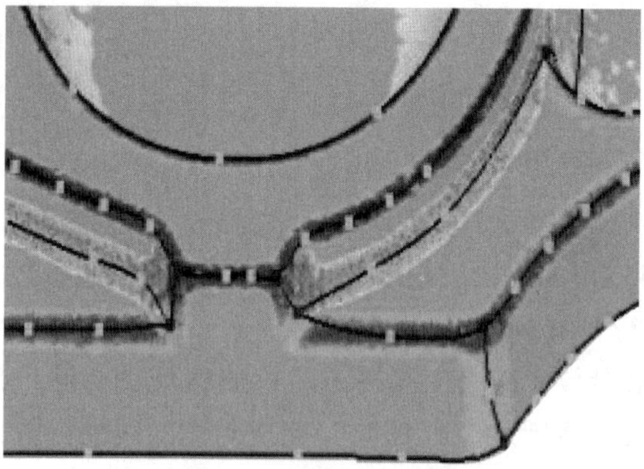

图 3-61　编辑轮廓线前

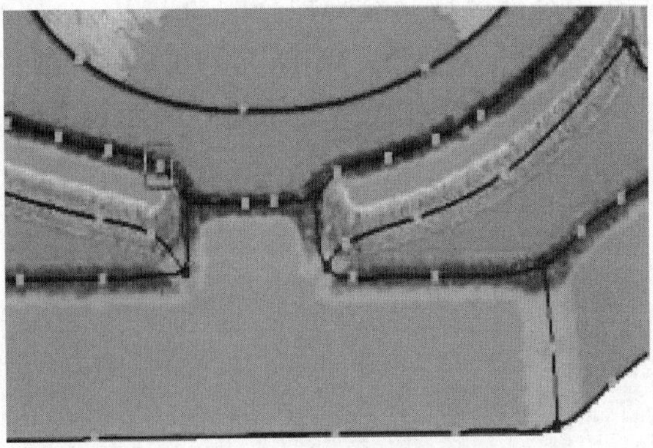

图 3-62　编辑轮廓线后

点击修改分隔符图标，点击“更新分隔符”，赋予新建轮廓线分隔符，如图 3-63 所示。最后点击“确定”退出命令。若分隔符也参与构面，则重新检测区域，计算时点击“是”保持先前的划分，再提取轮廓线，退出后将不会出现分隔符也参与构面的情况。

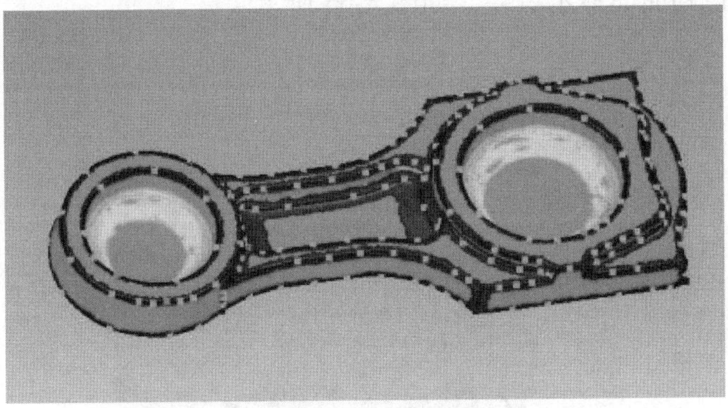

图 3-63　更新分隔符

（21）区域分类。先选中系统默认的区域，点击参数化曲面工具栏下的区域分类图标，重新指定其曲面类型，如图 3-64 所示。将中间凹面指定为回转面，部分侧面指定为拔模面，还有一个圆锥面，其余的均是平面。

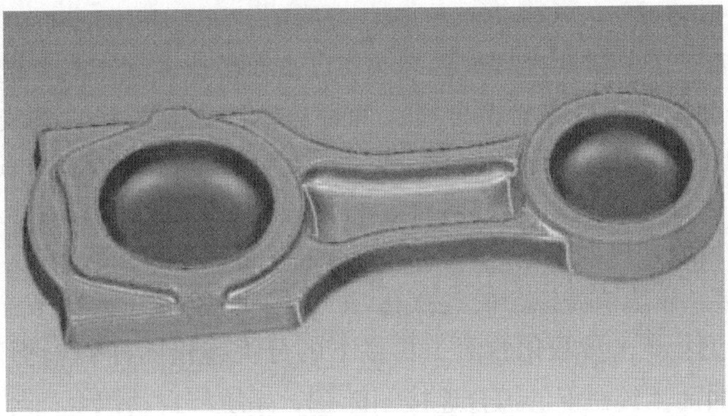

图 3-64　区域类型

（22）拟合曲面。先选中全部区域（全部拟合按 Ctrl+A，全部不选则按 Ctrl+C），再点击参数化曲面工具栏下的拟合曲面图标。点击“应用”后点击“确定”，弹出错误对话框，如图 3-65 所示。表示有些面拟合过程出现问题（误差较大的曲面用橘红色标识，有问题曲面用红色标识）。

图 3-65　错误对话框

（23）偏差。完成曲面构造后发现有块区域误差较大，点击参数化曲面工具栏的偏差图标，点击橘红色的曲面显示偏差，如图 3-66 所示。

图 3-66　偏差

扫码看彩图

（24）编辑剖面。由于该块区域误差较大，点击参数化曲面工具栏的编辑剖面图标，弹出横截线的拟合程度，黄色线为拟合线，两种蓝色线为点云线。将线段密度调至最大，点击“应用”，发现曲线拟合得更加精确，但曲面仍显示误差较大，回过来再偏差大的地方分布在两个尖角，证明点云并非回转体，可能是由扫描误差造成的。由扫描误差造成的，需人为纠正，所以这里我们直接拟合回转球面就好。

（25）拟合连接。先选中需拟合的连接区域（全部拟合按 Ctrl+A，全部不选则按 Ctrl+C），定义连接的类型：点击参数化曲面工具栏下的分类连接图标，指定所有连接为尖锐角；再点击参数化曲面工具栏下的拟合连接图标，系统将自动拟合面与面之间的连接，如图 3-67 所示。

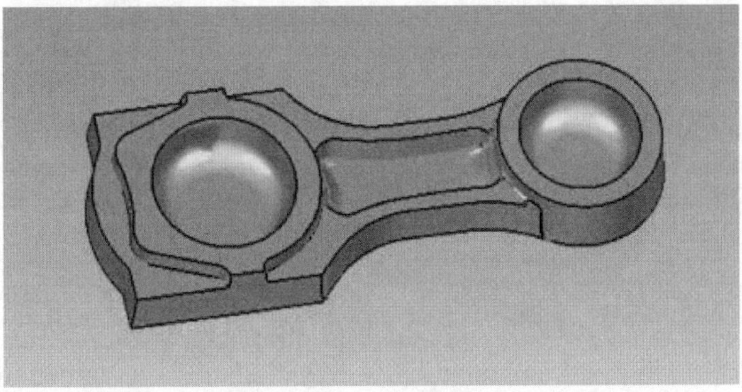

图 3-67　拟合连接

（26）修复曲面。先选中有问题的曲面（全部选择按 Ctrl+A，全部不选则按 Ctrl+C），点击参数化曲面工具栏下的修复曲面图标，点击“全部接受”，最后点击“确定”退出对话框。先不管倒圆出错的部分，在后续 3D 软件中进行再优化。

（27）修剪并缝合。选中所有曲面和连接（Ctrl+A），点击参数化曲面工具栏下的修剪并缝合图标，在生成对象中选择缝合曲面，点击“应用”后点击“确定”。

（28）查看倒圆半径。选中所有曲面和连接（Ctrl+A），点击参数化曲面工具栏下的格栅半径图标，系统将显示所有倒圆的半径，如图 3-68 所示。

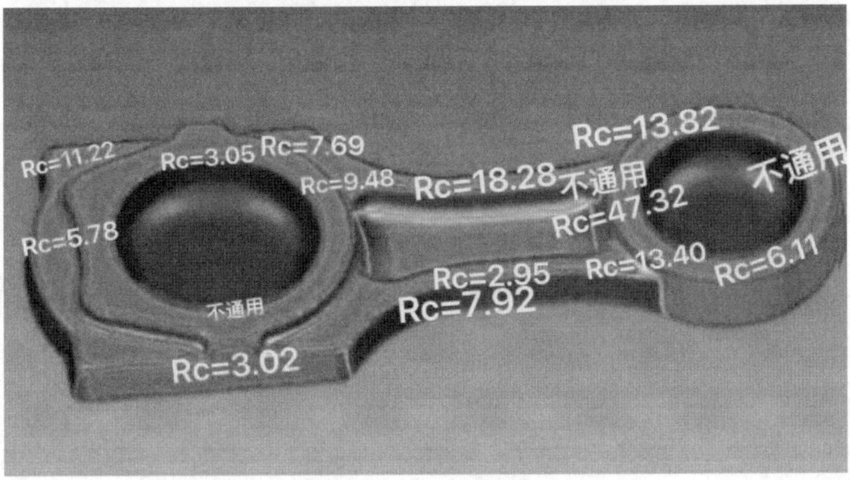

图 3-68　倒圆半径

（29）保存文件。在左边管理器面板中右键点击“point-缝合模型”（CAD 模型），如图 3-69 所示，选择“保存”，弹出保存对话框，输入文件名“point”，保存类型选择 IGES 或 STEP 文件后，点击“保存”按钮。

说明：步骤 8～步骤 17 为多边形阶段；步骤 18～步骤 29 为参数化阶段。

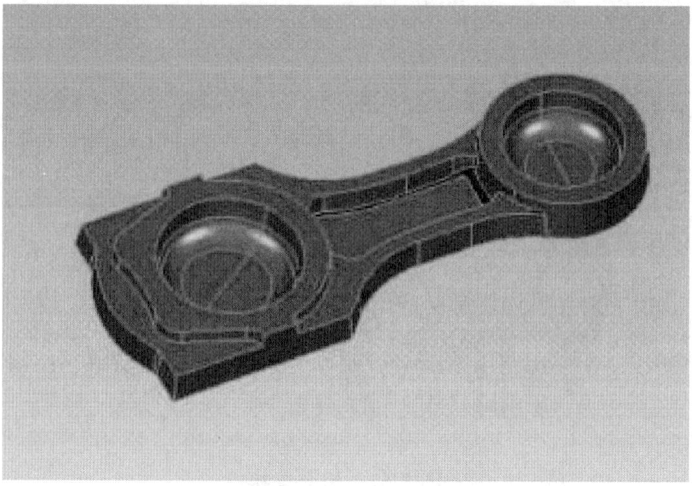

图 3-69　CAD 模型

项目四

逆向软件与应用
——Geomagic Design X

任务一　Geomagic Design X 软件基础

采用 Geomagic Wrap 完成点云数据的预处理后，如果型面较为简单，可采用 UG NX、Pro/E、CATIA、Solidworks 等软件建模，如果型面复杂，有曲面，则多采用 Geomagic Design X 完成逆向建模设计。Geomagic Design X 软件的界面如图 4-1 所示。

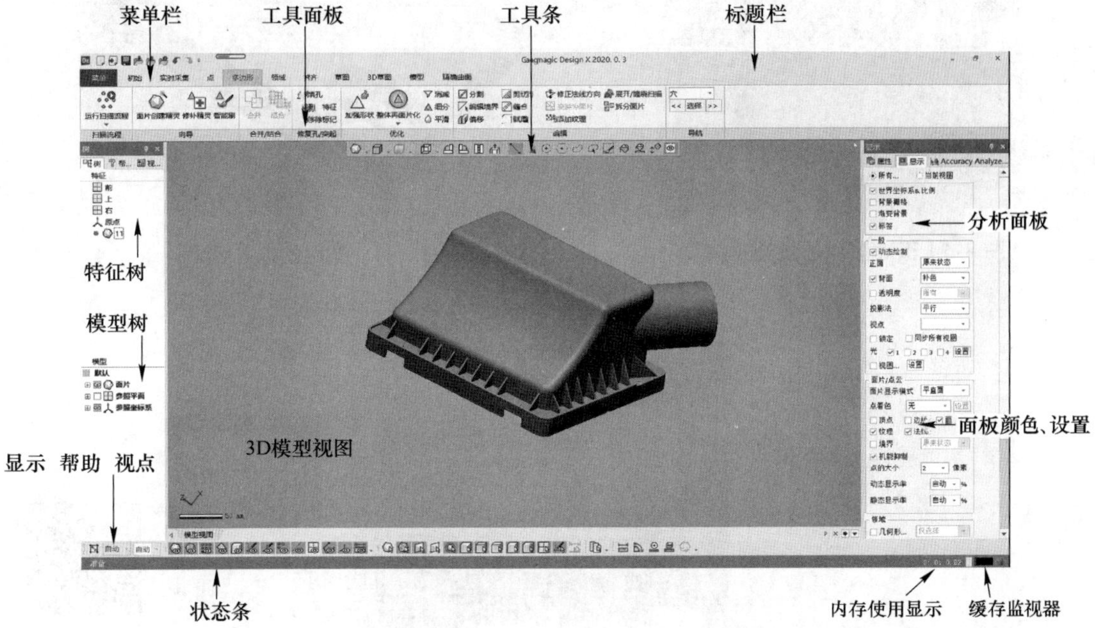

图 4-1　软件界面

面片或多边形，是常见的类型，由大量点云生成成千上万的三角形。应用程序可以导入一些硬件设备本地文件格式，还提供了几个硬件设备插件，用户可以直接连接机器扫描数据输入到应用程序中。数据类型如下：

（1）点数据。原始数据点是点集，每一个有 X，Y，Z 位置。近距离看，原始数据点显示为简单的彩色点，如图 4-2 所示。

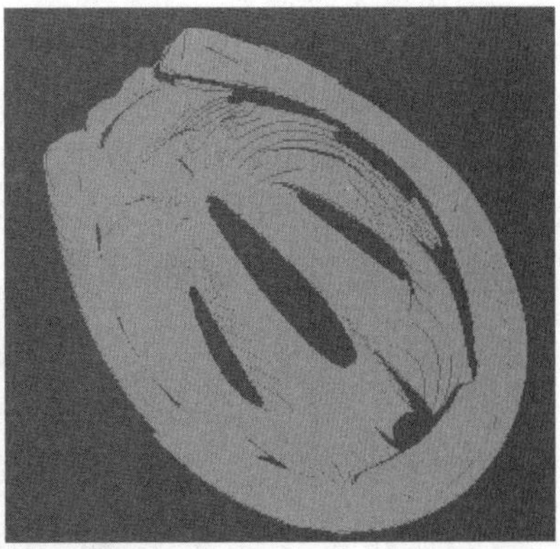

图 4-2　原始点数据

渲染点数据可以更好地观察模型，原始数据是没有渲染的（由于其缺乏法向信息），使用扫描仪扫描收焦的数据自动包含法向信息，如图 4-3 所示。

使用 Geomagic Design X，点可以分析成三角和合并生成一个面片。

（2）面片数据。面片或三角形是一组三角形，由综合点数据为数据创建一个表面的外观，如图 4-4 所示。扫描数据可以通过 Geomagic Design X 自动生成面片。当一个面片对象生成法向面在默认情况下都是蓝色的，正常的背

扫码看彩图

面或背部的面颜色是棕色，如图 4-5 所示。面片的背面都是正面的互补色，正面和背面是由点的法向方向决定的。

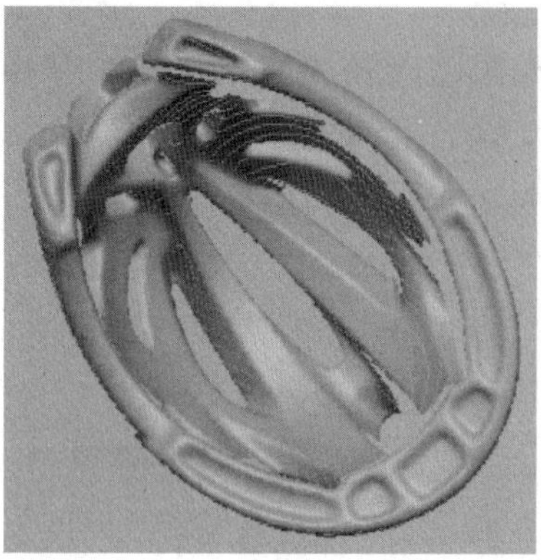

图 4-3　正确法向的点数据渲染

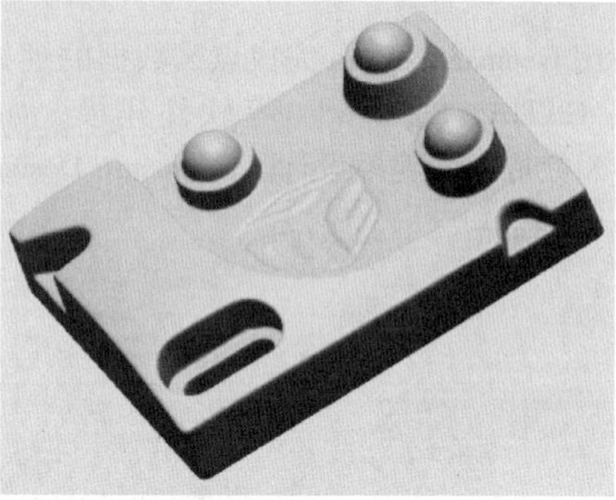

图 4-4　默认的面片外观

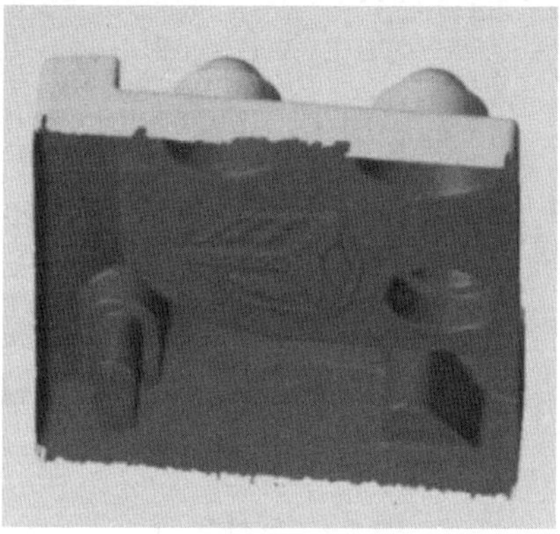

扫码看彩图

图 4-5　面片的背面

单击显示面板，并在选择面片显示模式上卷组选择几何图形显示和切换边线选项卡将显示任何面片的面片构建对象。

（3）CAD 数据。CAD 数据是 Geomagic Design X 中创建的开放曲面或许多曲面组成的体，或者从其他软件输入。Geomagic Design X 使用两种不同类型的 CAD 体——实体或曲面体，实体是灰色的，如图 4-6 所示，曲面体是黄色的，如图 4-7 所示。

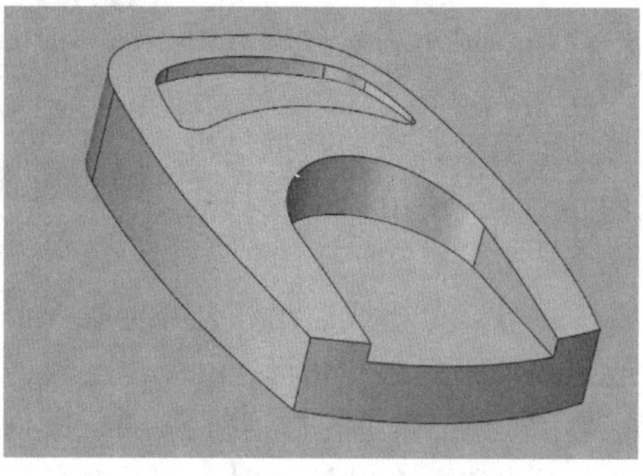

图 4-6　实体

对于 Geomagic Design X，CAD 数据通常通过以下三种方式生成：

1）软件内建模：通过草图绘制、拉伸、旋转、放样等基于特征的建模工具生成可编辑的 CAD 实体模型。

2）外部文件导入：支持导入 IGES、STEP 等中性交换格式或外部 CAD 文件，实现跨平台数据转换与处理。

3）本地格式兼容：可直接打开或导入 SolidWorks、Siemens NX 等主流 CAD 软件的原生文件。

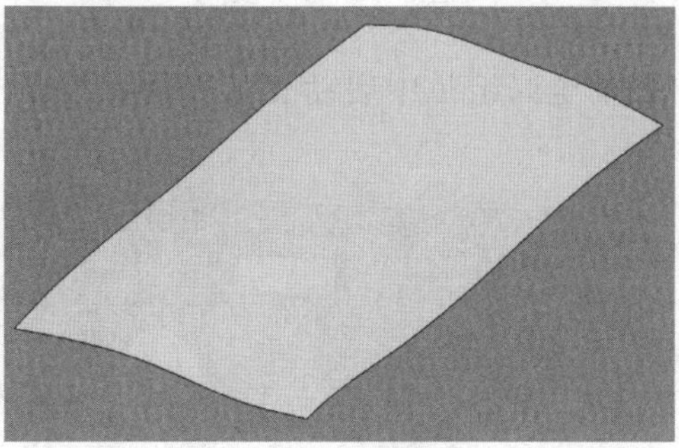

扫码看彩图

图 4-7　曲面

任务二　对齐坐标案例分析

扫描数据应移动并对齐至合适的坐标系统，Geomagic Design X 有多种方式来进行移动。

一、使用领域对齐

（1）打开案例文档 dq. xrl，零件处于无网格编辑状态，如图 4-8 所示。

图 4-8　案例文档

（2）在领域选项卡，选择“自动段”命令（），设置灵敏度为 65，点击“确定”按钮，如图 4-9 所示。

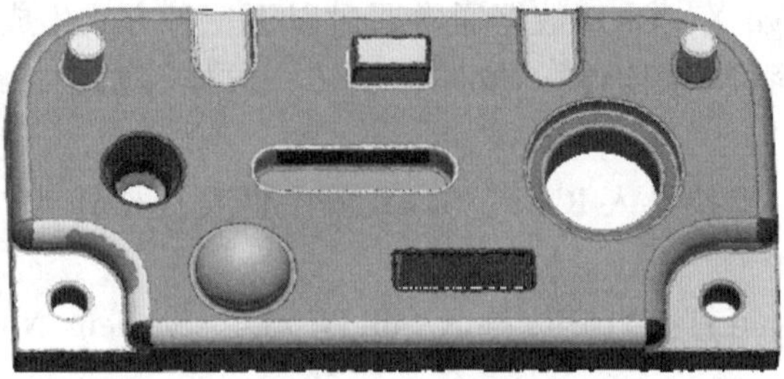

图 4-9　自动段

（3）在“对齐”—“扫描全局组”中启动交互式对齐，点击“下一步”按钮，如图 4-10 所示。

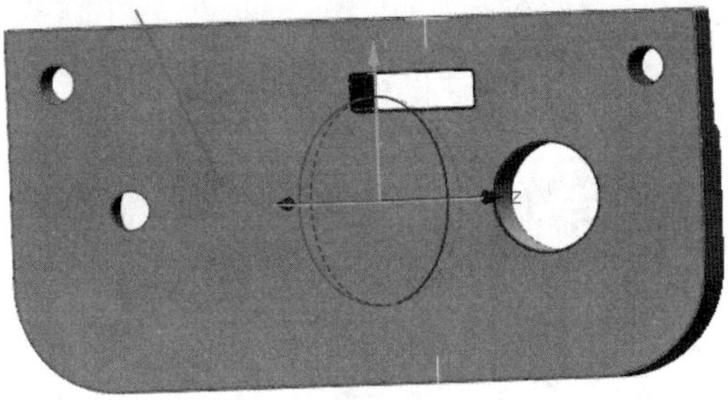

图 4-10　交互式对齐

（4）使用三个平面领域创建 3-2-1 对齐，平面选项中首先选择前平面，然后是 XY 平面和 Z 轴方向，选择零件底部的大平面领域；向量设置为顶平面和 Y 轴方向，如图 4-11 所示；位置位于 X 轴方向的右平面，如图 4-12 所示，选择平面领域，点击“确定”接受。原点将位于所选择的三个平面的交点，如图 4-13 所示。

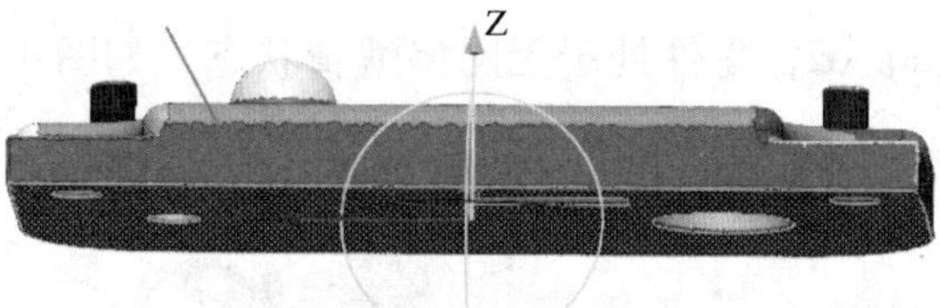

图 4-11　Y 轴方向

图 4-12　X 轴方向

二、使用参考几何对齐

（1）打开案例文档 dq. xrl，零件处于无网格编辑状态，如图 4-8 所示。

（2）在领域选项卡，选择“自动段”命令（），设置灵敏度为 65，点击“确定”

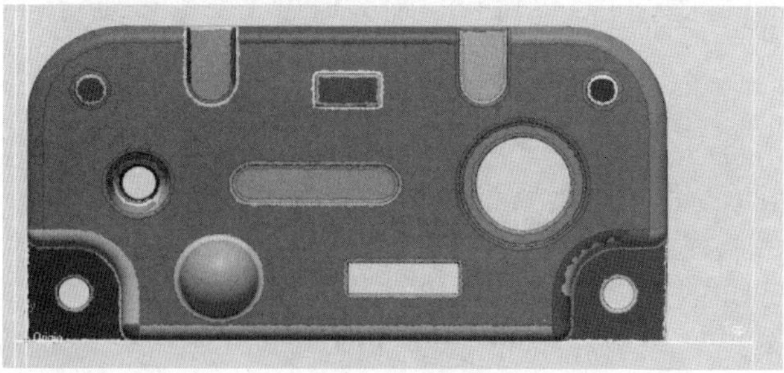

图 4-13　选定位置

按钮，如图 4-9 所示。

（3）使用“参考几何”—“平面”自零件的两方向来创建中间平面，点击锁定图标停留在命令中并创建多个平面，改变平均值，选择图示两个长平面来找到两者中间的平面，如图 4-14 所示，点击“确定”接受。

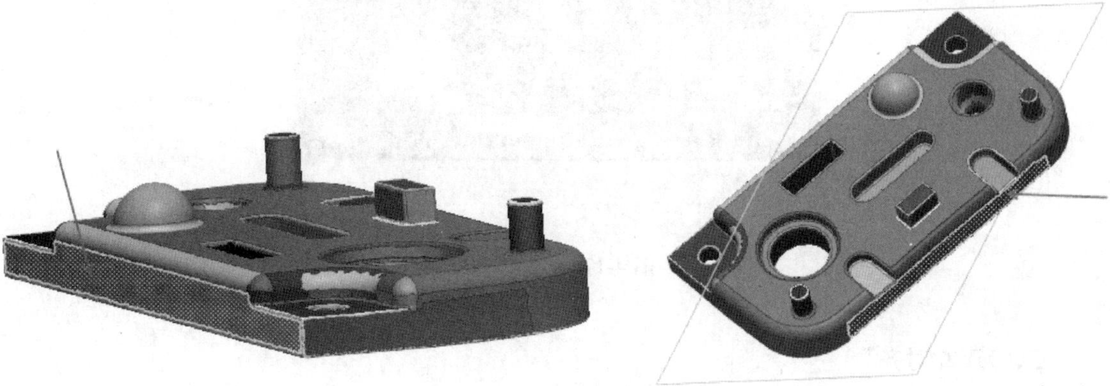

图 4-14　创建平面

（4）在零件另一侧创建对称平面找到中间平面，选择改变方式为画线，如图 4-15 所示方向画一条线，点击“确定”接受；选择改变方式为镜像，在模型树中按住 Ctrl 键选择面片（Align1）和平面 2，点击“确定”接受，将发现面片中间的平面，如图 4-16 所示。

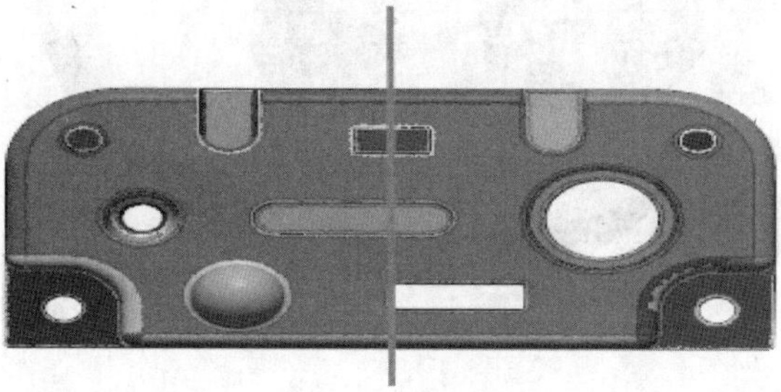

图 4-15　画线

（5）在“对齐”—“扫描全局组”中启动交互式对齐，点击“下一步”按钮。

（6）使用生成的参考平面和一个领域平面创建 3-2-1 对齐，平面选项中首先选择前平

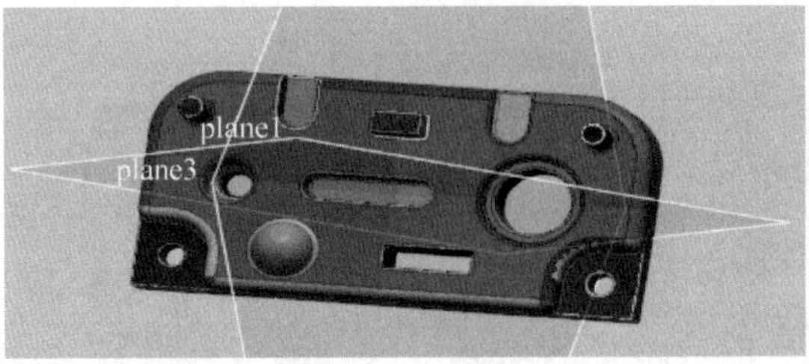

图 4-16　中间平面

面，然后是 XY 平面和 Z 轴方向，选择零件底部的大平面领域；方向设置为顶平面，选择平面 1，设置 Y 轴方向垂直于该平面；还需设置右平面和 X 轴方向，选择平面 3；点击“确定”接受，原点将放置在零件底部平面的中心，如图 4-17 所示。

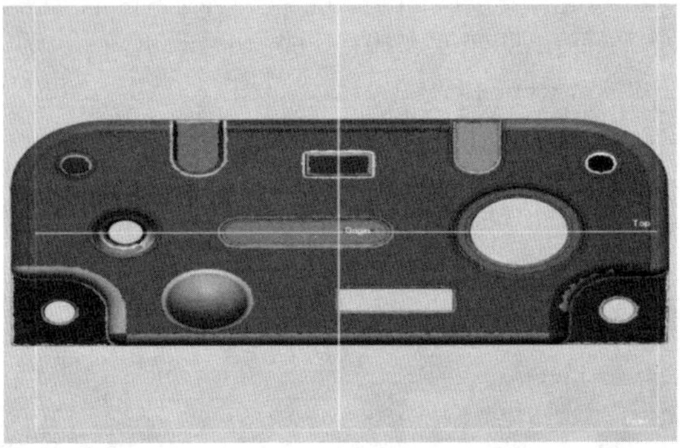

图 4-17　对齐完成

三、XYZ 对齐

（1）打开练习文档 XYZ. xrl，零件处于无网格编辑状态，如图 4-18 所示。

图 4-18　XYZ 模型

（2）在领域选项卡，选择“自动段”命令，设置灵敏度为 50，点击“确定”按钮，如图 4-19 所示。

（3）自风扇中心创建参考几何方向，设置方式为圆柱轴，选择风扇中央的两个大圆柱领域，点击右键确定并在弹出的菜单中选择检查标记，如图 4-20 所示。

图 4-19　选择“自动段”

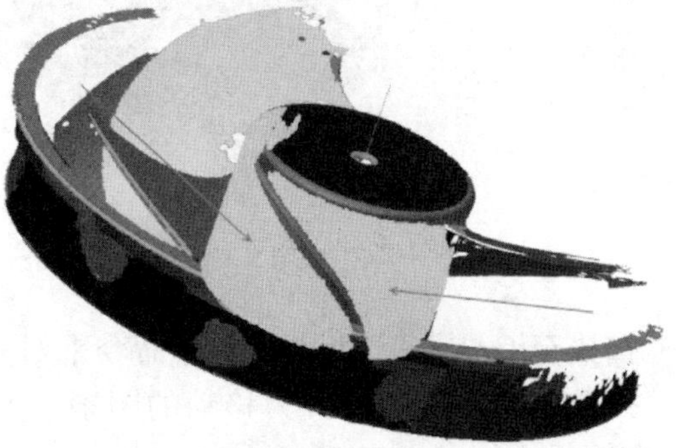

图 4-20　选择圆柱

（4）在“对齐”—“扫描全局组”中启动交互式对齐，点击“下一步”按钮，使用生成的参考平面和平面领域创建 XYZ 对齐，位置即设置原点的位置；选择风扇顶部中间和方向 1 及领域平面，方向和平面的交点可以作为位置，选择 Z 轴，并选择方向 1 来设置坐标系的方向，点击反转方向箭头可以调整 Z 轴方向，X 轴和 Y 轴无需设置，手动点击零件任何位置可以旋转蓝色圆，点击“确定”接受，原点设置在风扇中心轴的顶部，如图 4-21 所示。

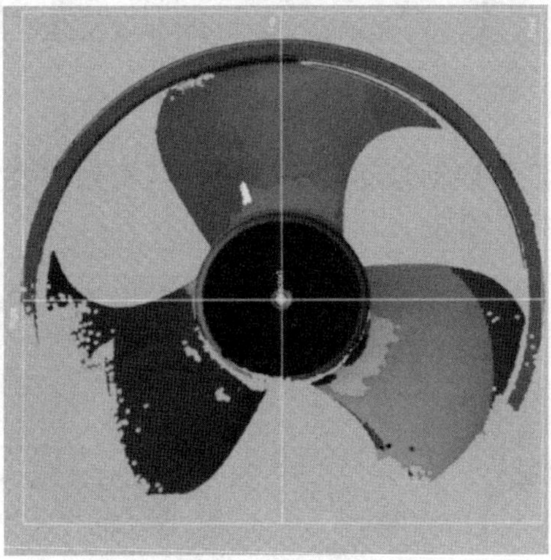

扫码看彩图

图 4-21　原点位置

四、扫描至 CAD 对齐（快速对齐、最佳对齐）

（1）打开练习文档 dq. xrl。

（2）选择“初始”—“打开/插入”—“插入”命令，输入 IGES 文件 Import，dq CAD. igs，插入的文件将与打开的文件放置在一起，如图 4-22 所示。

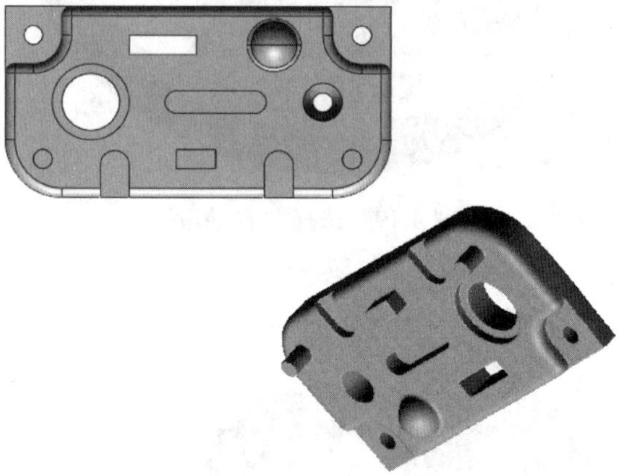

图 4-22　初始文档

（3）选择“对齐”—“扫描至 CAD”—“快速匹配”命令来对齐扫描数据至 CAD 数据，设置目标体为 CAD 数据，扫描数据将自动设置为移动的图素，点击“确定”接受，运行最佳匹配应检查下面的更多选项，如图 4-23 所示。

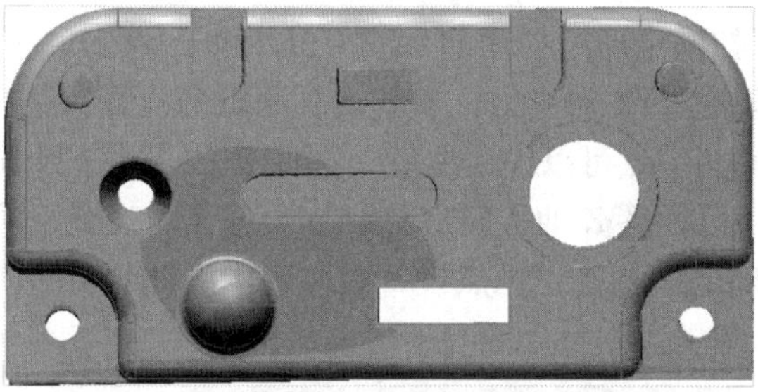

图 4-23　CAD 数据

（4）点击“确定”键，将启动自动对齐，最佳匹配对齐在快速对齐后运行，这将使文件之间更加匹配，如图 4-24 所示。

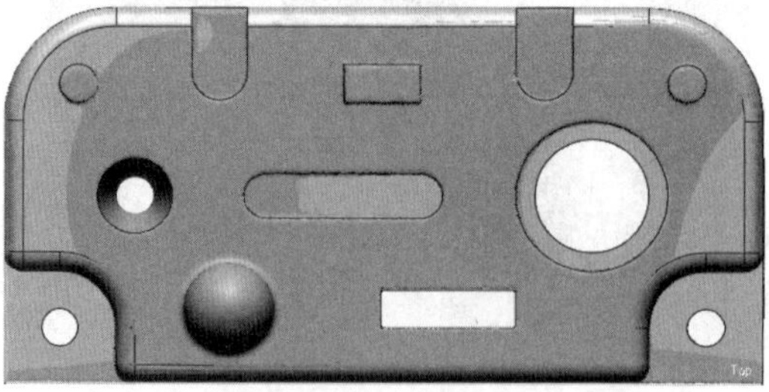

图 4-24　自动对齐

对齐扫描数据至 CAD 文件可用于多种情况，如：

（1）检查 CAD 零件的准确性；

（2）实体添加了特征，其不是原始文档。

任务三　参 数 建 模

Geomagic Design X 的优势在于其基于草图的建模，不管扫描质量如何都可以创建模型。Geomagic Design X 使用草图和标准的 CAD 操作，如拉伸、旋转、扫描和举升等来产生参数模型。草图可以容易地控制和更新 CAD 的特征。

一、草图基础

（1）在最顶端工具栏中选择图标创建一个新的图档。

（2）点击“草图”—“设置”—“草图开始”创建一个 2D 草图，在自模型视图中选择前视基准面，选择基准面后草图会立即启动，如图 4-25 所示，如已经选择了平面，选择草图命令会立即启动草图，草图按钮切换为退出，以便于完成草图。

图 4-25　启动草图

（3）使用“草图”—“绘制”—“矩形工具”创建一个矩形，在图 4-26 左上角点击左键确定起点来开始绘制矩形，如图 4-27 所示，在右下角点击左键完成矩形，在模型视图中点击右键，在弹出菜单中选择检查标记来完成矩形。

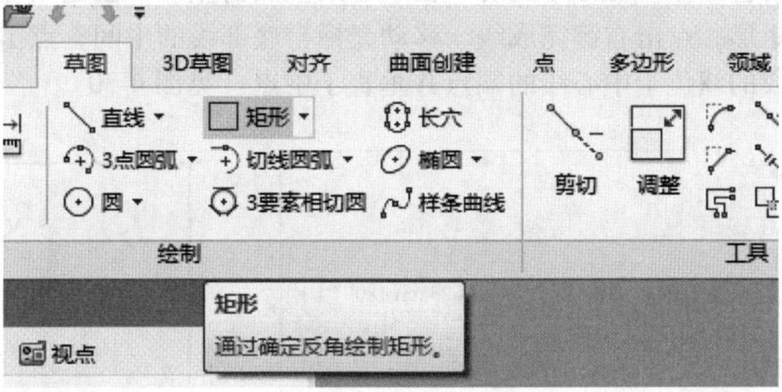

图 4-26　创建矩形

（4）拖拽线或点来修改矩形大小，直到草图原点（红 U 和绿 V 轴）大致居中。拖拽线更改一个方向的位置，拖拽点将改变两个方向的位置。

（5）双击矩形左上角的点，将显示该点的约束和信息，端点为两条线的交叉约束点，欲查看其他图素的约束，仅需点击左键，无需退出属性对话框。

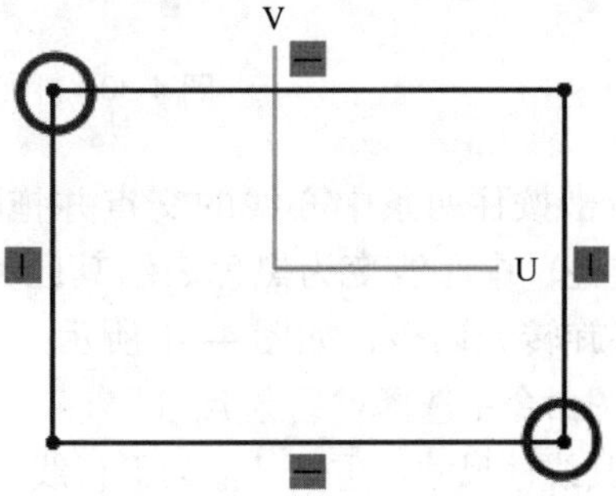

图 4-27　绘制矩形

扫码看彩图

（6）显示并添加多个草图图素的约束，左键点击矩形底部的线以查看约束，显示出一个水平约束，Shift+左键点击矩形另外的一条水平线，如图 4-28 所示，选中了两条线，将显示所有选中图素的共同约束，点击独立约束，并删除水平约束选择平行来设定其约束，对垂直线进行相同的操作，如图 4-29 所示。

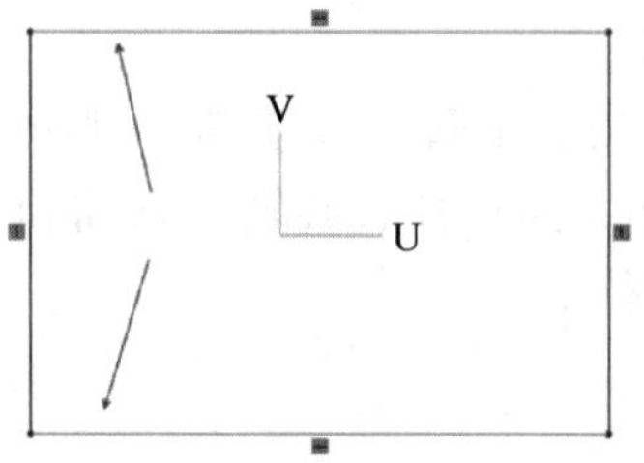

图 4-28　选中线条

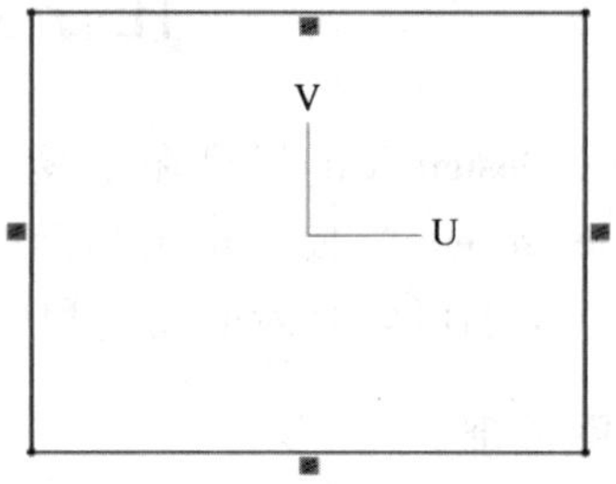

图 4-29　垂直操作

此外，可以在一开始的时候点击矩形命令旁边的小三角形，选择平行四边形来直接创建相同的结果，功能区始终记得上一个命令，以便于快速重复。

（7）约束矩形的左下角为垂直，使用右键菜单关闭约束对话框，在屏幕上任何时候按左键都是取消选择图素，大多数操作中，对话框关闭后选择将持续存在。

（8）使用“草图”—“拖拽”—“中心线下面的线工具”来创建两条中心线，其交点作为旋转的支点。线工具可以在选择构造线后使用，移动光标至左边线的中间，在中点点击左键启动中心线约束（见图 4-30），点击后，光标会回到左边线等待设置平行或垂直约束，当黄色的垂直或白色的竖直符号可见时，在中心线上点击左键，创建中心线垂直于底部并保持其可旋转的矩形，点击右键完成线。移动光标至底部线的中间，点击左键即可启动中心线的约束，完成的线位于中心线的端点并垂直于中点（见图 4-30）。

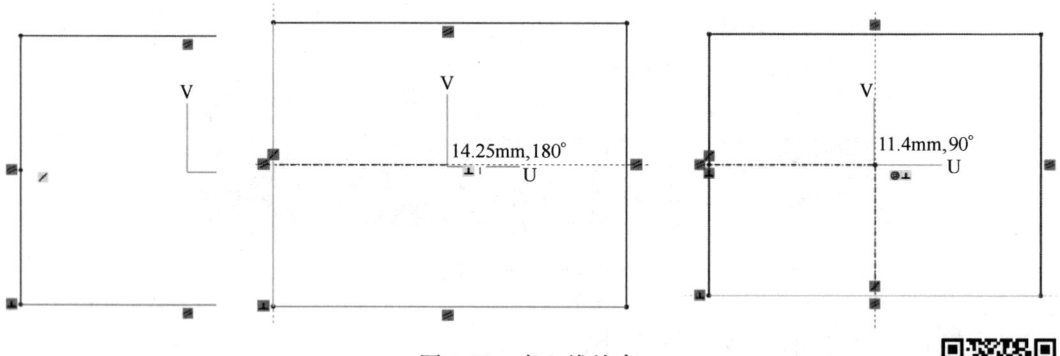

图 4-30　中心线约束

扫码看彩图

（9）左键点击按住两条中心线的交点并拖拽到红色和绿色草图 U/V 轴放置，约束其重叠，中心线变为黑色表示其已完全定义。点击并拖拽矩形线的中点，矩形将旋转和调整，如图 4-31 所示。

（10）在草图命令中选择“智能尺寸”（），左键点击一条线，然后选择平行的图素，在空位点击放置其线性尺寸。重复其他的平行线，选择逻辑上的水平线和一条线，左键点击空位创建角度尺寸，草图图素变黑表示其已充分约束，点击“确定”接受该命令（见图 4-32）。

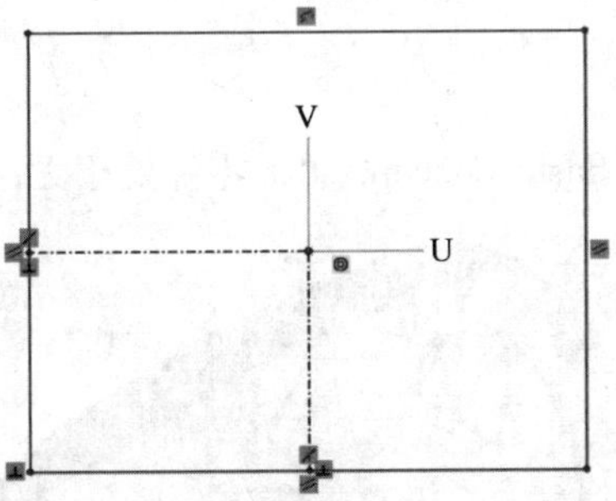

图 4-31　约束重叠

扫码看彩图

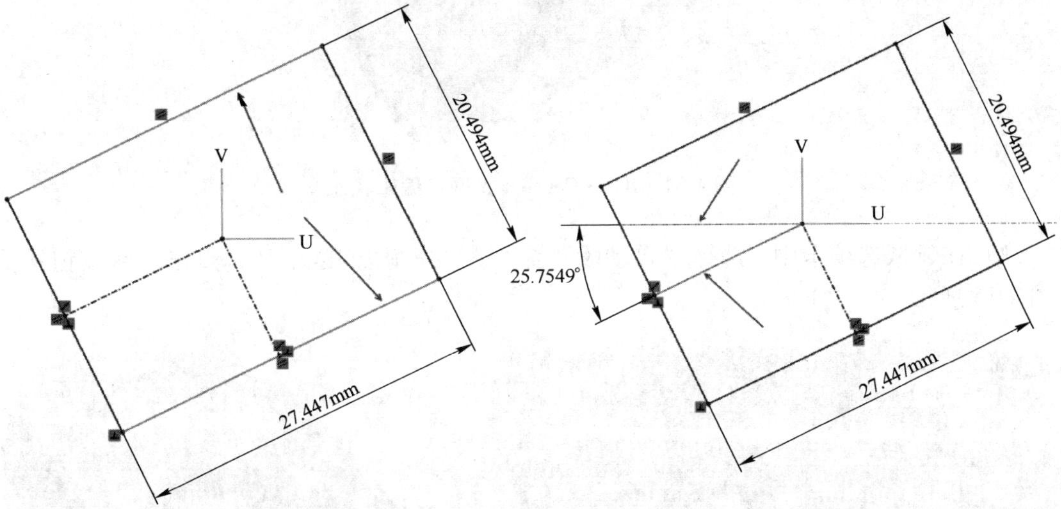

图 4-32　智能尺寸

（11）双击值可以编辑其尺寸，设置线性尺寸可以设定四边形的大小，改变角度尺寸将旋转角度（见图 4-33），最后点击退出按钮（　）完成草图。

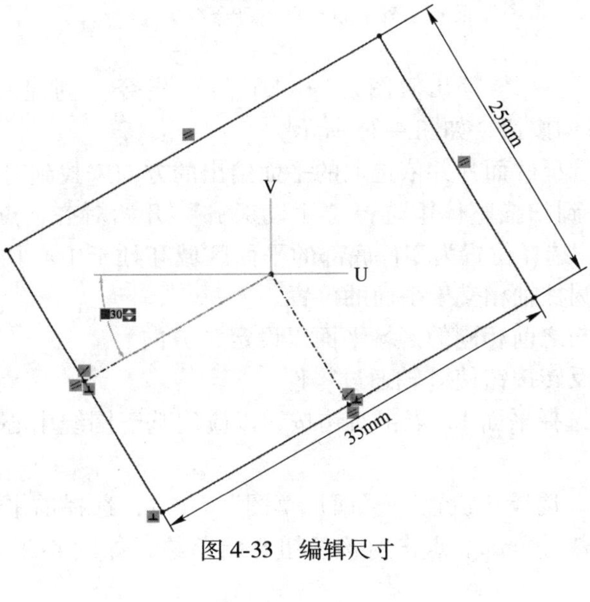

图 4-33　编辑尺寸

二、基础练习案例讲解

（1）打开 Import 练习文档 Basic Concept. stl，零件处于无网格编辑状态，如图 4-34 所示。

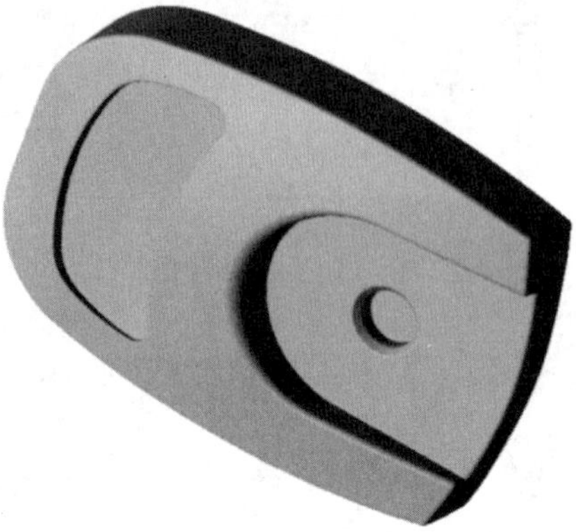

图 4-34　Basic Concept 无网格编辑状态

（2）在领域选项卡中，选择“自动段”命令，设置敏感度为 50，点击对钩按钮接受，如图 4-35 所示。

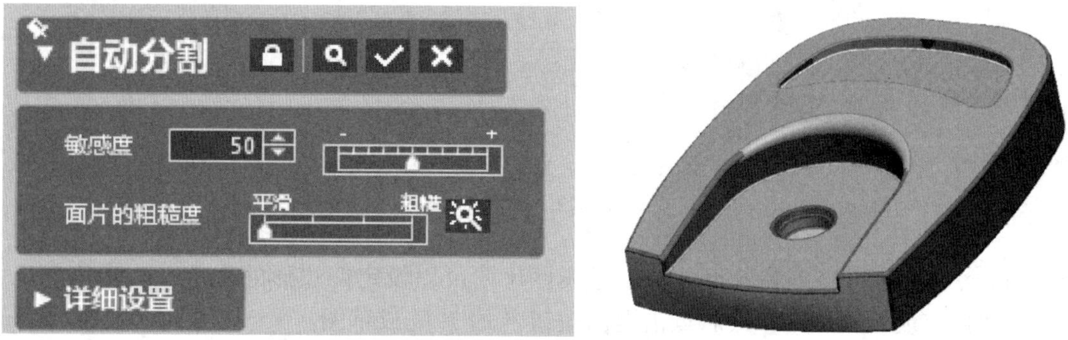

图 4-35　自动段命令

（3）使用“模型”—“参考几何图形”—“平面”指令，创建一个通过零件中间的 Concept 面片，点击对钩按钮，如图 4-36 所示。

镜像方向将读取选择的面片并依选取的平面给出的方向来找到对称平面。

（4）从“对齐”到扫描整体中选择“手动对齐”开始对齐，点击“下一阶段”。改变移动选项为 X-Y-Z，选择位置为零件底部的平面区域和处于中心孔上的圆柱，如图 4-37 所示。原点将设置在圆柱轴相交于平面的位置。

点击 Z 轴，选择与之前相同的区域平面以设定 Z 方向。

点击 Z 轴后面的反转按钮使 Z 轴通过零件。

点击 X 轴，然后选择平面 1，点击对钩按钮以应用基于围绕中心孔的对齐，如图 4-38 所示。

（5）在草图面板，选择“设置”—“面片草图”（✎），选择前平面作为基准平面，设置由基准面偏移的距离为 5mm。点击对钩按钮开始草绘，如图 4-39 所示。由基准平面偏

图 4-36　平面指令

图 4-37　手动对齐

移的距离只是设置模型横截面的距离，然后投影到最初选择的基准平面。所有草绘仍然创建在基准平面上，而与偏移距离的高度无关。

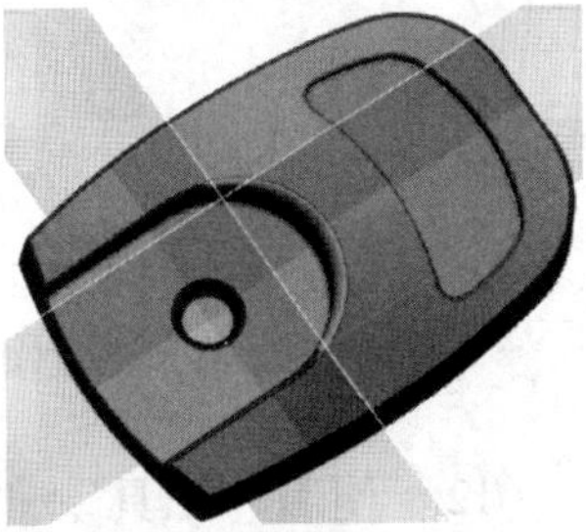

图 4-38　围绕中心孔对齐

（6）使用模型树来隐藏面片。

（7）选择“绘制”—“直线工具”＼。点击顶部粉色实线，将会创建一条最符合本段的直线。点击对钩按钮以应用直线。

（8）选择“绘制”—“中心点圆弧”指令（）。点击左侧粉色实线，将会创建一条最符合本段的圆弧，点击“适用拟合”选项。双击右侧的粉色实线，将会在本指令不退的情况下创建且应用圆弧。

（9）使用中心点圆弧创建底部分段圆弧，单击 5 分段来创建分段中的最佳拟合圆弧，在任意空处双击来应用拟合，点击对钩按钮以应用，如图 4-40 所示。

（10）打开右侧工具栏的“精度分析”来显示所有开放回圈上的点，勾选“分离的终点”选项。分离的终点将在每一个草绘链接的开放点上添加一个绿色端点。使用工具组中的指令可以快速地封闭打开的草绘回圈。

（11）选择“工具”—“剪切”指令（）来封闭端点到一个尖角，选择相交剪切选

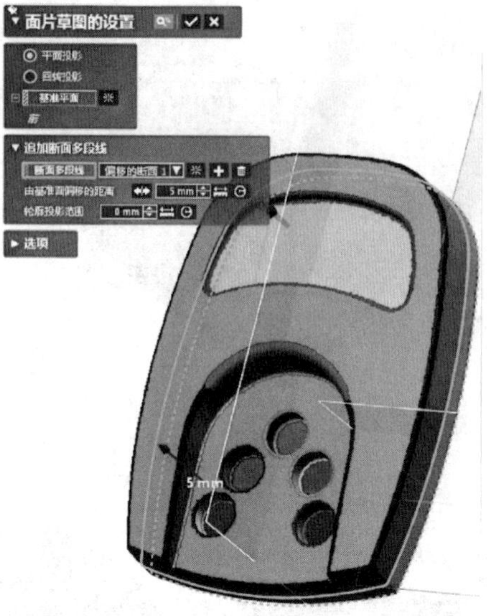

图 4-39　面片草图

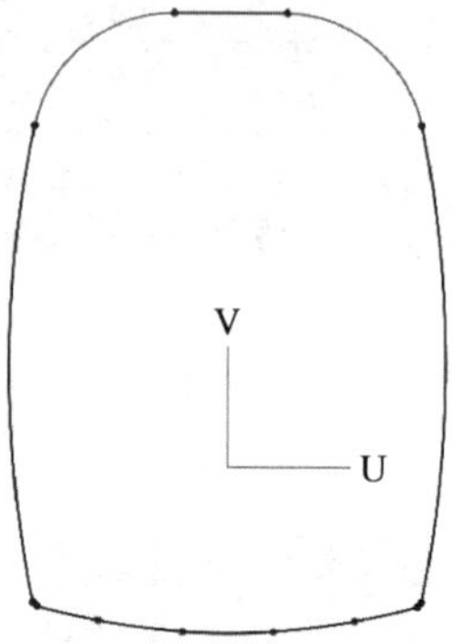

图 4-40　拟合圆弧

扫码看彩图

项。定位图 4-41 中的两个开放端点，缩放至其中一个角落，左键点击角落周围的一根线段，选择另一线段即可将两个端点连接，如图 4-42 所示。该指令使用草绘线段而不是端点。剪切将基于选择的线段侧，在另一角落上重复，点击对钩按钮以应用。如果对钩按钮是灰色的，点击取消按钮将保持剪切并退出指令。

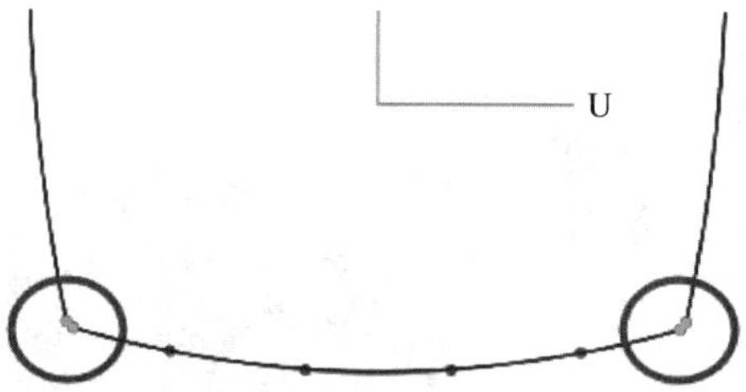

图 4-41　开放端点

扫码看彩图

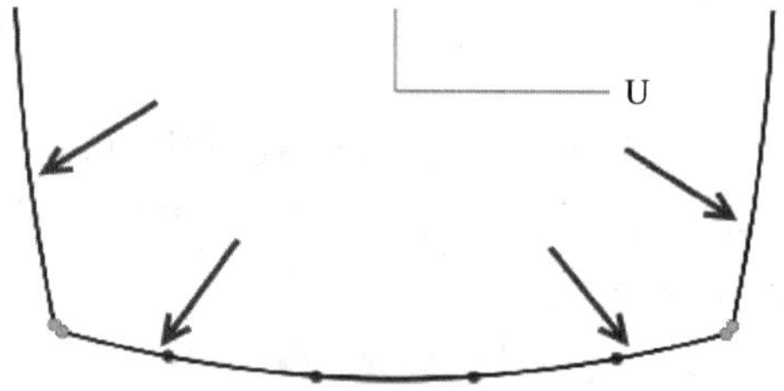

图 4-42　端点连接

（12）使用“工具”—“圆角”指令（ ）以用光滑相切的圆弧来封闭另外两个开放点。左键点击缺乏圆弧线段附近的一个草绘线段。选择第 2 条段并按住左键不放。当按住左键时，移动鼠标以调整圆角尺寸，当圆弧最接近粉色多边形时释放鼠标按钮。重复操作创建另一圆弧，点击对钩按钮以应用，如图 4-43 所示。

（13）双击一个标注来修改值，使用“设计意图”方法，将每个标注改为 88mm。

（14）检查草绘回圈中是否有开放点，然后点击顶部工具栏的退出按钮。

（15）在模型面板中，选择“创建实体”—“拉伸”指令（ ）来生成实体。按下 Ctrl+2 来显示面片和领域，基准草图会自动选择草绘 1（面片），改变方法为“到领域”。详细方法会自动设置为用领域拟合的曲面剪切，选择顶部的自由曲面区域，点击对钩按钮以应用，如图 4-44 所示。

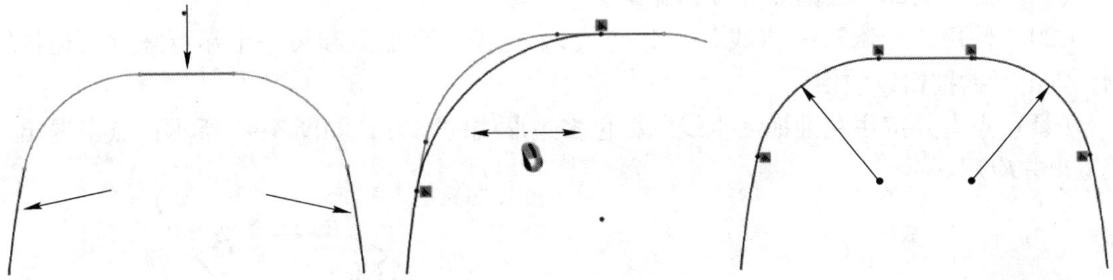

图 4-43　创建圆弧

扫码看彩图

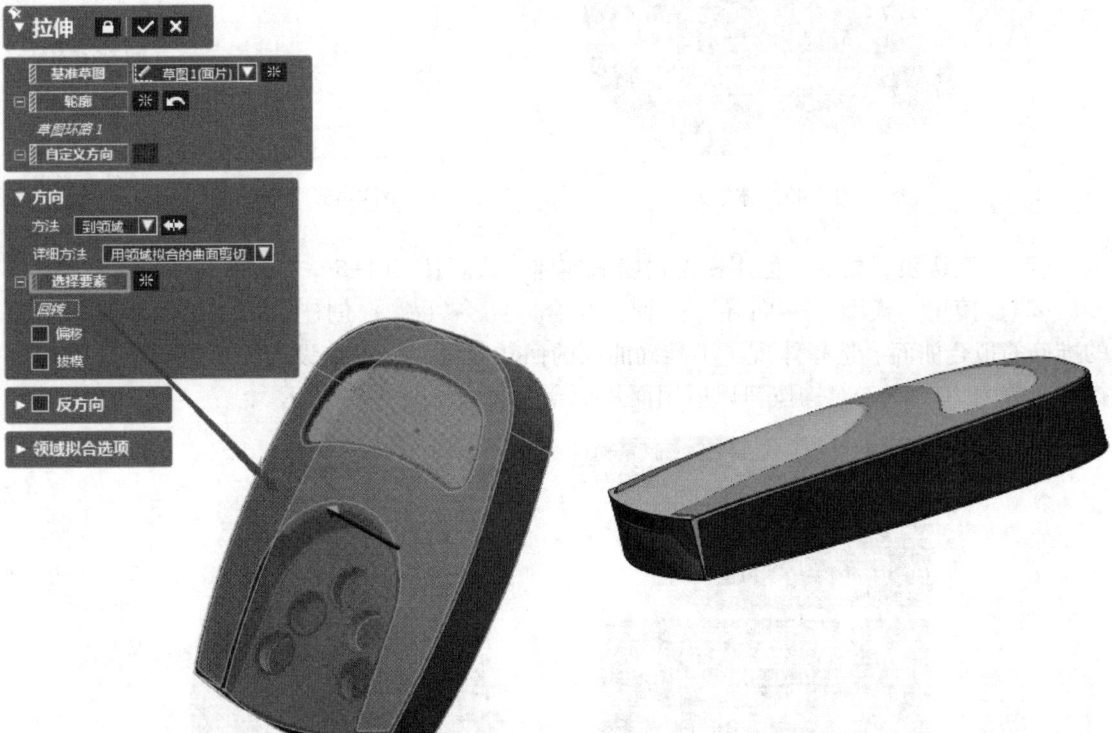

图 4-44　生成实体

（16）打开精度分析中的体偏差。旋转实体来检查模型的准确性，底部显示了高偏差区域，表面显示了实体中同时有过小和过大的部分，选择“无”将偏差显示关闭，如图 4-45 所示。

（17）编辑基准草绘以修正模型的不正确。在特征树中的草绘 1（面片）上右键单击，在下拉菜单中选择编辑。

（18）点击“法向”按钮（），或者用 Ctrl+Shift+A，将使草绘与屏幕对齐。

（19）选择底部草绘圆弧并按删除键。

（20）使用“绘制”—“直线”指令（），点击一个端点和另一个端点来重新连接回圈，点击对钩按钮以应用。

（21）点击并按住左键拖动直线到粉色多边形线的下方，如图 4-46 所示，点击退出按钮退出并应用。

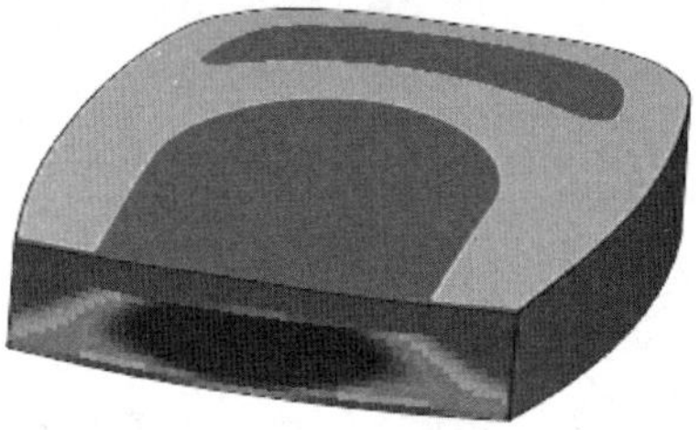

图 4-45　体偏差

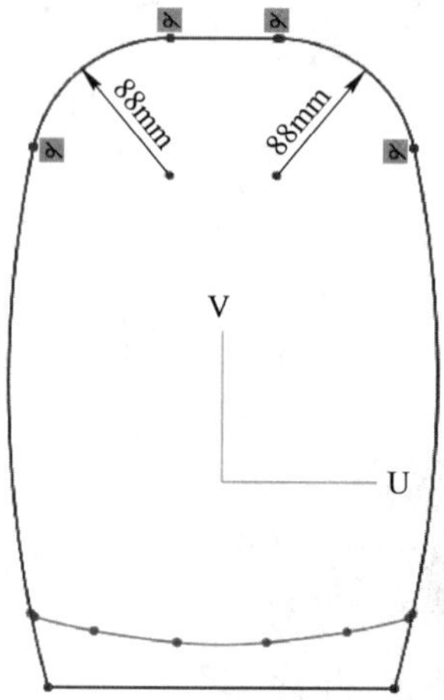

图 4-46　拖动位置

扫码看彩图

（22）确认领域显示，但用模型树隐藏实体，或者按 Ctrl+5。

（23）使用“模型”—“向导”—“面片拟合”指令（）创建一个基于面片背部曲面的准确的拟合曲面。选择体现了不准确曲面的回转区域，分辨率设为许可偏差，限制最大控制点数为 20，点击对钩按钮以应用面片拟合曲面，如图 4-47 所示。

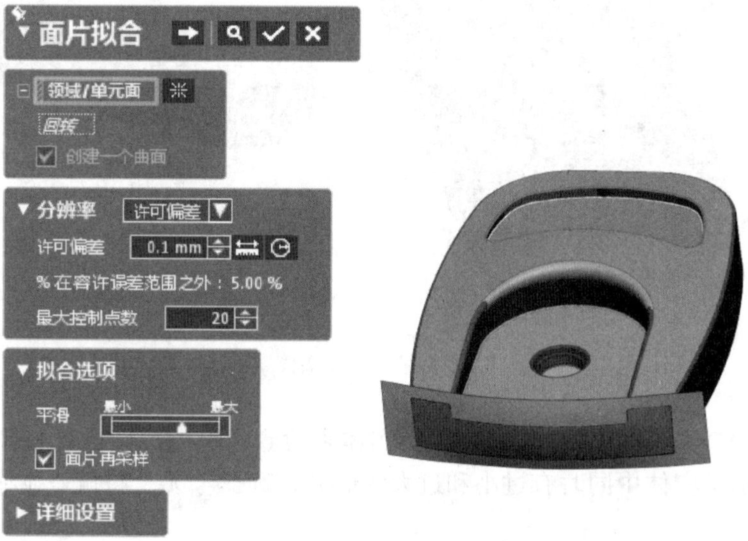

图 4-47　面片拟合

（24）打开“实体显示”，曲面将用于切除多余的实体。

（25）选择“模型”—“编辑”—“切割”指令（）来用曲面切剪实体。选择面片拟合1曲面作为工具要素，选择拉伸1实体作为对象体，点击下一阶段箭头，注意在下一阶段完成前对钩选项不可用。在实体的主要部分上进行选择作为残留体，这是将被保留的部分，选择对钩选项以应用切割，如图4-48所示。

图4-48　曲面剪切实体

（26）打开精度分析中的体偏差查看新产生的实体，查看完后建议关掉偏差，这将避免反复运行分析以加快处理速度。

（27）打开和关闭（）直到面片和领域可见。

（28）右键点击图4-49所示的平面区域，点击“面片草绘”图标将直接以选项区域为基准平面进行面片草图设置。

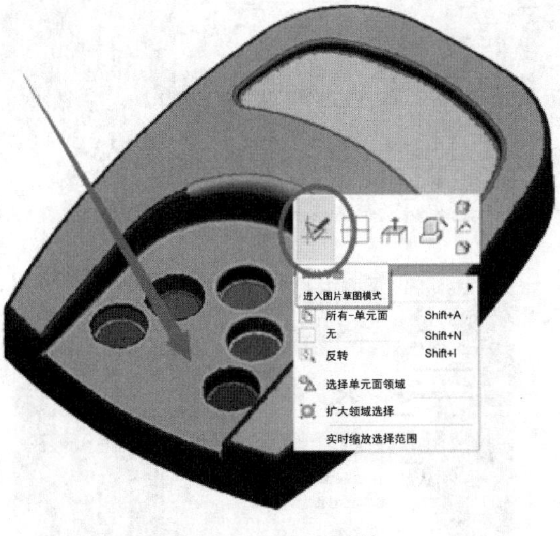

图4-49　平面区域

设置由基准面偏移的距离为2mm，如图4-50所示，或者拖曳蓝色的细箭头直到缺口轮廓显示，勾选“拔模角度”。点击“测量角度”按钮，然后点击图4-51中显示的两个平面区域，设置拔模角度为1°，点击对钩选项开始进行草绘。

（29）使用直线和3点圆弧工具对内部切口进行草绘。右键点击模型显示区，会有一个公用的草绘工具列表立即显示，如图4-52（a）所示，选择直线图标并通过在每个多边

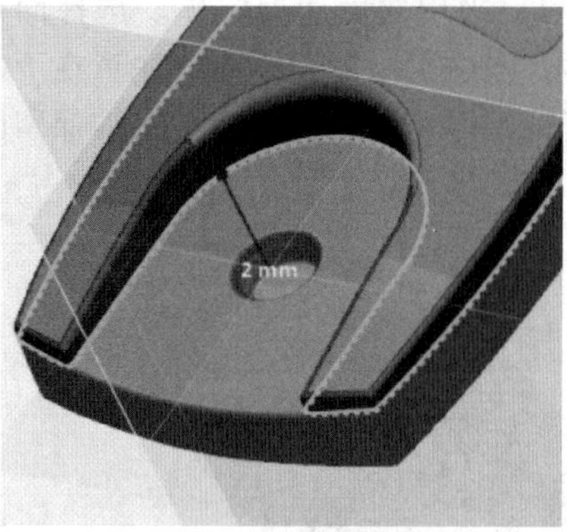

图 4-50　基准面偏移

扫码看彩图

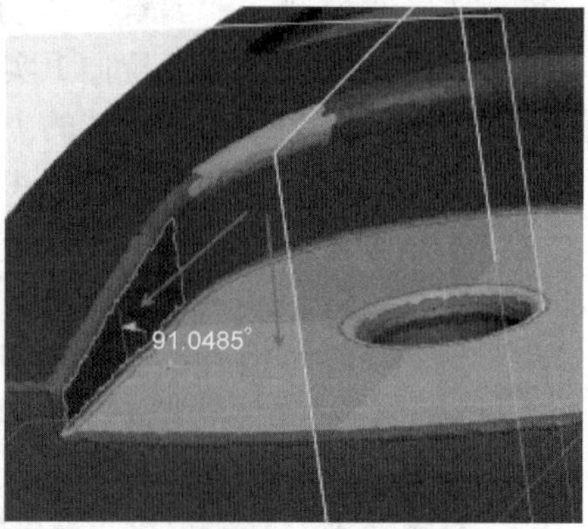

图 4-51　拔模

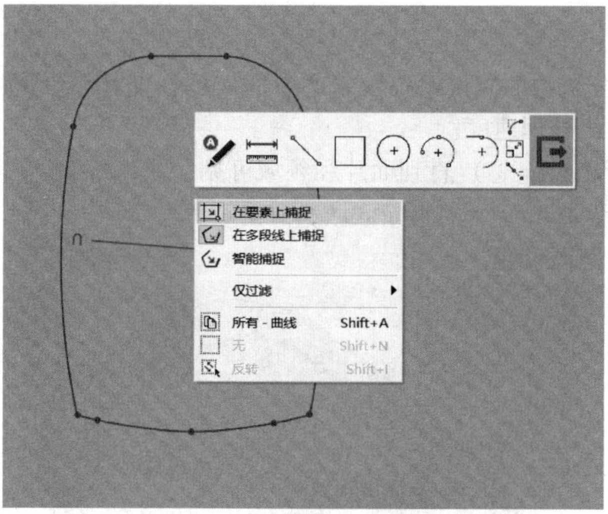

(a)

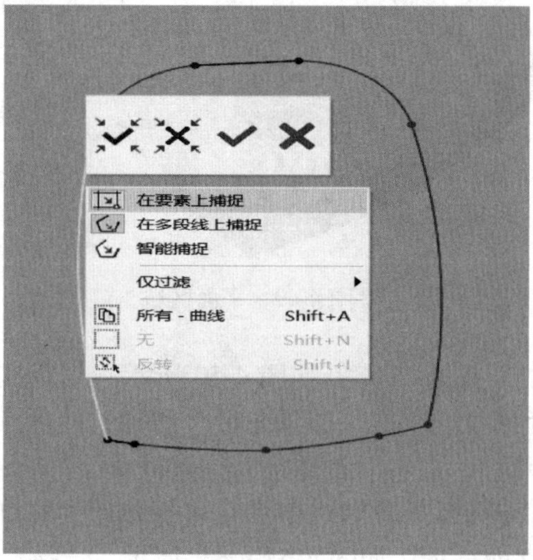

(b)

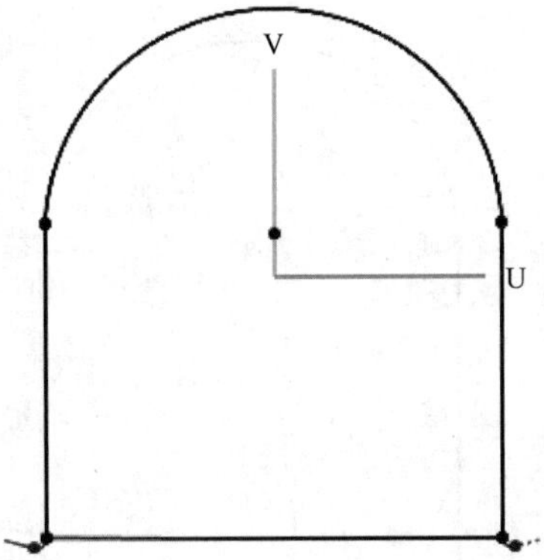

(c)

图 4-52　内部切口草绘

扫码看彩图

形线上双击左键来绘制两条竖直线，在底部端点间绘制直线来封闭回圈，如图 4-52（b）所示。右键点击并选择对钩来应用直线指令，右键点击并选择 3 点圆弧图标，点击两个端点然后点击粉色多边形圆弧，右键点击并选择对钩来完成命令，如图 4-52（c）所示。

（30）编辑和调整整体模型的草图。双击其中一条竖直线，会出现一个编辑和约束选项对话框，选择约束框中的“垂直”，如图 4-53 所示。按住 Shift 键并选择其他竖直线，从共同的约束条件选项中选择“平行”，在圆弧上双击，按住 Shift 键并选择其中一条竖直线，在共同的约束条件选项中选择“相切”，重复这一步以使另一根直线与圆弧相切。调整草绘图素直到草绘看起来和图 4-54 一样，右键点击选择“退出”按钮。

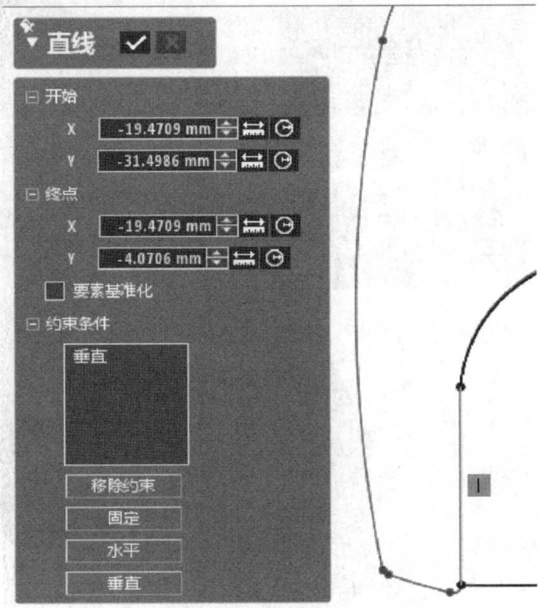

图 4-53　编辑约束对话框

（31）右键点击模型显示区并选择拉伸（），打开面片和实体显示，检查基准草图是否为草图 2（面片），如图 4-55 所示，将方法改为通过，勾选下面的拔模并且输入值为 1°。

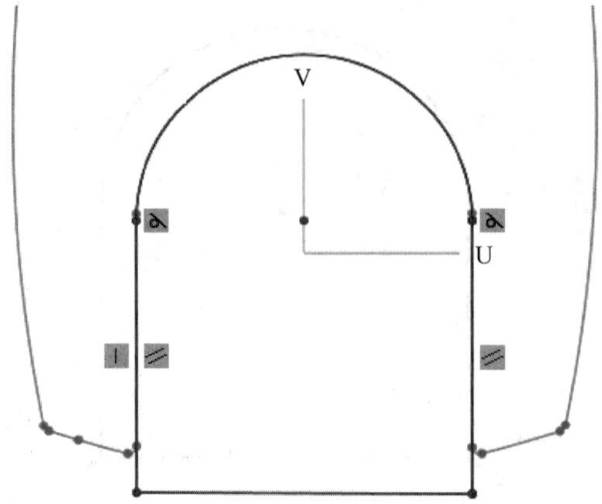

图 4-54　草绘图

检查拔模方向是否正确，使用拔模输入旁边的方向箭头进行反转，设置结果运算选项为切割，点击对钩按钮以应用。草绘此时必须高亮显示，右键点击位置不能在给予拉伸选项的平面上。

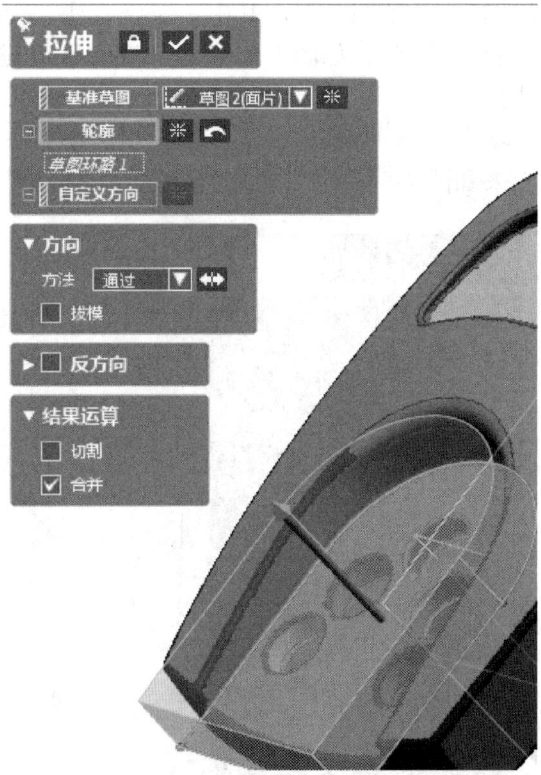

图 4-55　检查基准草图

（32）隐藏实体，然后右键点击平面并开始面片草图，设置从基准平面偏移的距离为2mm，点击对钩按钮以应用。

（33）右键点击模型显示区并选择“自动草图”指令（），设定选项为只操作选中的对象后，选择内部的回圈草图，点击对钩按钮以应用，右键点击并选择退出按钮以完成草图，如图 4-56 所示。

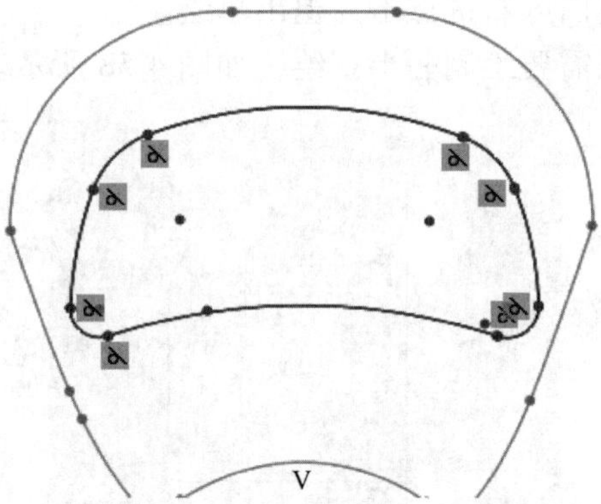

图 4-56 完成草图

（34）右键点击模型显示区并选择“拉伸”( )，打开面片和实体显示。检查基准草图是否为草图 3（面片），如图 4-57 所示，改变方法为通过，设定结果运算选项为剪切，点击对钩按钮以应用。

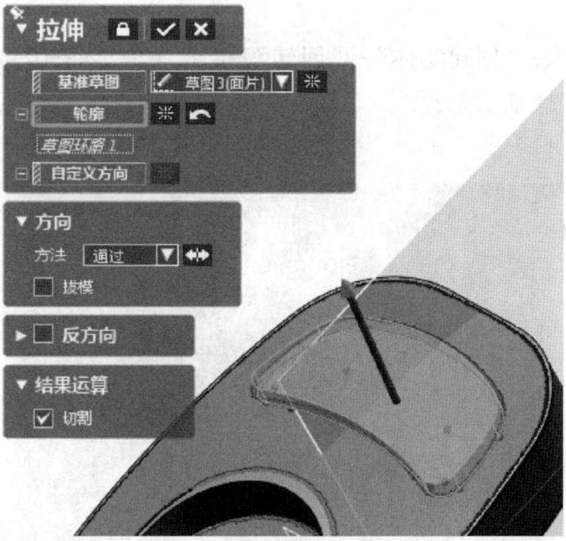

图 4-57 检查基准草图

（35）在“模型”—“参考几何图形”中创建线，选择“右”和“上”平面，如果没有自动完成，设定方法为两平面交差，点击对钩按钮以完成。

（36）在右平面上右键点击并选择面片草图图标开始草绘，草绘设置已经定位于正确的位置，点击对钩按钮以应用并开始草绘。

（37）使用模型树来隐藏面片和实体，选择“绘制”—“直线工具”，使用框选的方法从多边形中选择 3 条直线，从参考线上开始绘制一条竖直线来创建一个完整的草绘。右键点击空白区选择应用来确认指令。

（38）在参考线上点击右键选择“变换要素”，选择“绘制”—“剪切”指令，选项设定为相交剪切，点击所有开放处周围的直线以封闭，右键在空白区点击以应用和确认指令，设定约束和标注后在空白区右键点击并退出草绘。

对于旋转指令而言，只需要绘制一半草绘，如图 4-58 所示。

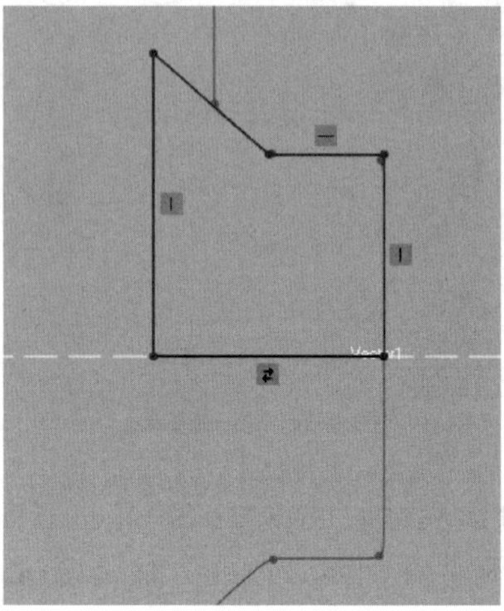

图 4-58　旋转草图

（39）选择“模型”—“创建实体”—“回转”指令（）来切除截图，和之前一样选择基准草图和轮廓，选择轴后选择线 1，在结果运算下选择剪切，点击对钩按钮来切除区域，如图 4-59 所示。

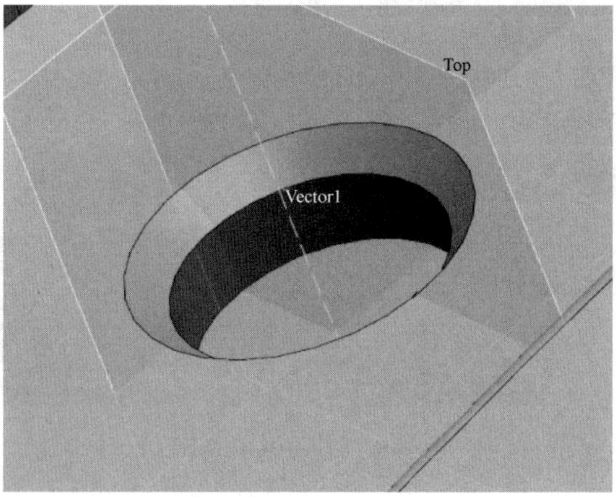

图 4-59　回转剪切

（40）在“模型”—“编辑组”中选择“圆角”指令（），选择如图 4-60 所示的边界创建固定圆角，第一次选会自动按相切选项选择所有边界，不需要手动选择所有边界。

在下一步圆角中，点击“由面片估算半径”中的“魔术棒”按钮（），调整值到 1. 5mm，点击对钩按钮以完成。

（41）对面片的外边界进行圆角，添加所有相同的边以完成相同值的圆角。

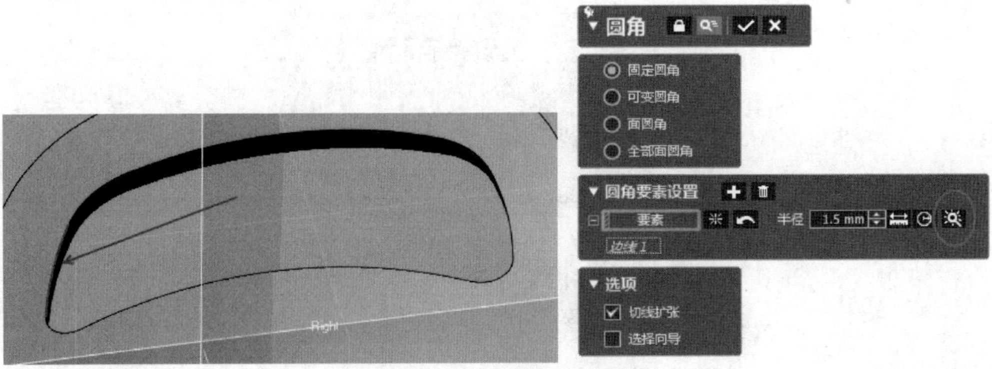

图 4-60 创建固定圆角

（42）右键点击图 4-61 所示切口的实体边界，然后点击“圆角”图标，改变类型为可变圆角。轮廓示图将显示在模型上，这将指示不同的半径。手动选择用来产生可变圆角的 3 个边界，然后点击“由面片估算半径”。在轮廓示图下查看预测圆角半径。

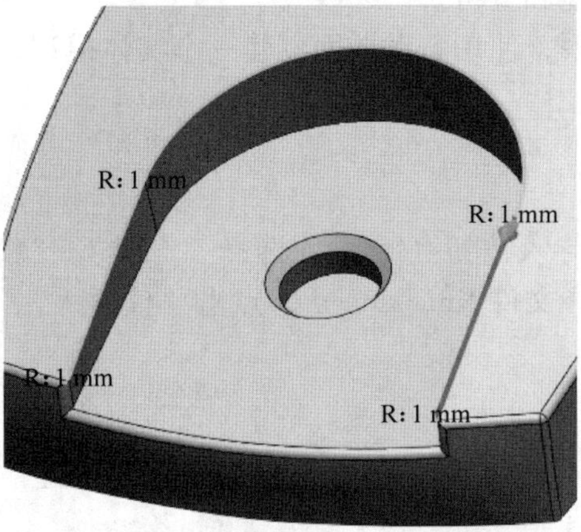

图 4-61 实体边界

（43）调整端点以贴合粉色多边形，设定每个端点的圆角值为 4，点击中间截面以围绕这一段重新缩放，再次在直线中间附近点击以放置一个新点，拖动点到粉色多边形的最高峰，点击对钩按钮以完成，如图 4-62 所示。

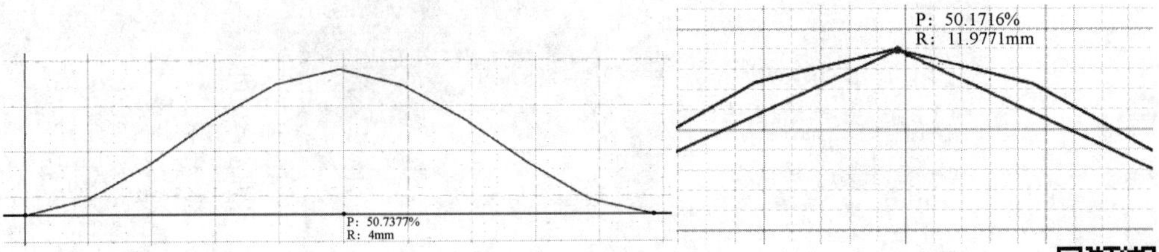

图 4-62 轮廓点图

扫码看彩图

（44）插入其他额外的圆角，完成，如图 4-63 所示。

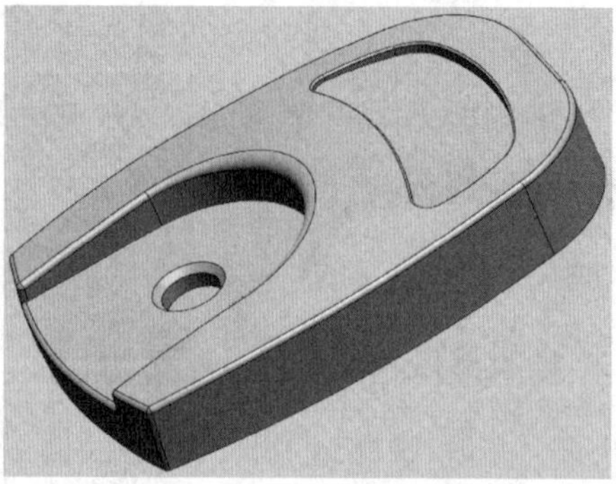

图 4-63　成图

任务四　高 级 建 模

通过自动组合和手动建模创建模型，可以快速得到一个具有高精度和参数特殊的模型，此模型有助于检查装配和分析。

本次任务通过混合建模，使用自动曲面创建一个实体模型，然后通过参数特征切除模型的一些边缘区域。

一、扫描设置

（1）导入文件，点击导入按钮（ ）或选择“菜单”—“插入”—“导入”，在插入对话框找到培训文件夹，选择文件 Knuckle. stl ，点击“仅导入”，导入文件并显示在视图窗口，如图 4-64 所示。

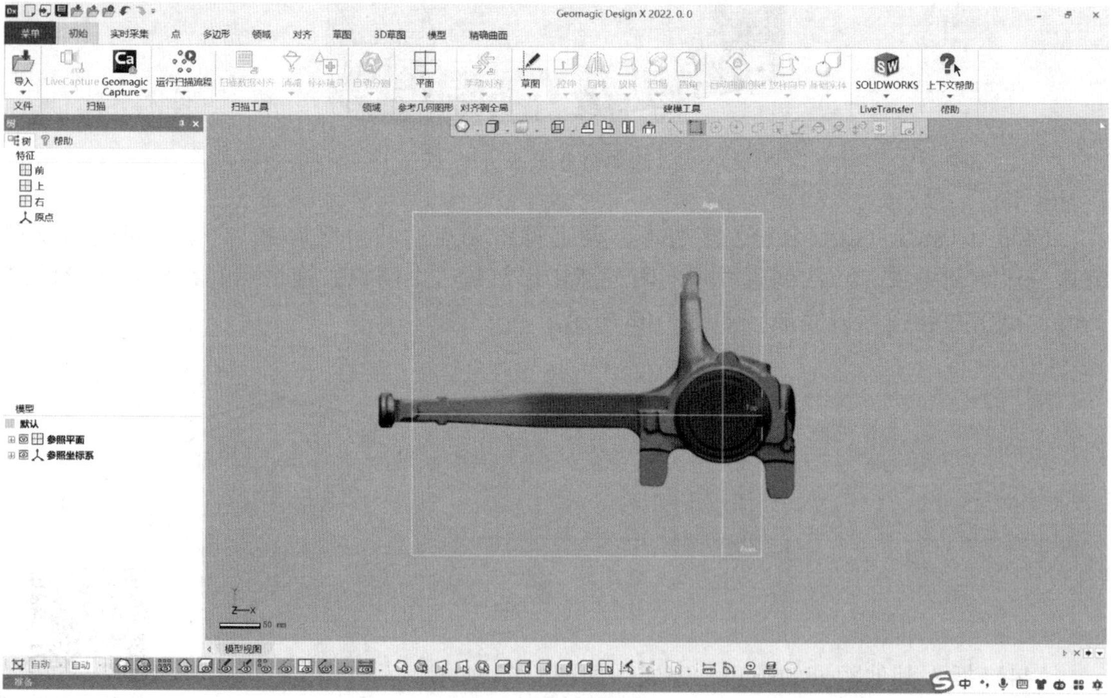

图 4-64　视图窗口

（2）选择领域选项卡下的“自动分割”（），也可以选择右键快捷菜单里的“自动分割”。将敏感度设置为 10，如图 4-65 所示。点击对钩按钮并完成自动分割，如图 4-66 所示。

图 4-65 设置敏感度

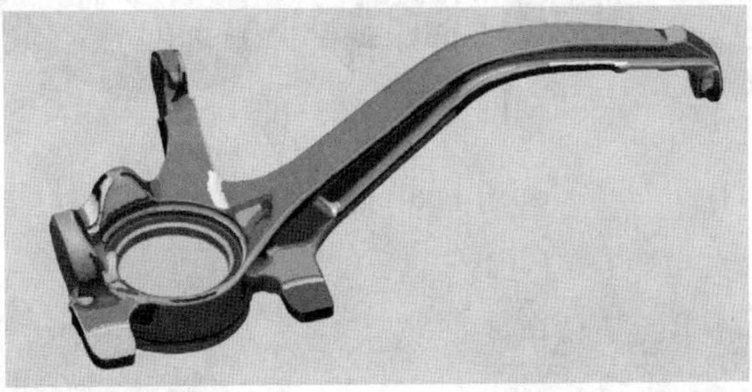

图 4-66 自动分割完成视图

（3）选择特征树里的面片数据“Knuckle”，并选择菜单栏里的“编辑”—“复制”命令（Ctrl+C）。点击对钩按钮，复制所选择的面片数据。编辑后创建更好的自动曲面，原始面片将用来做切除和创建特征。

选择菜单栏里的“编辑”—“粘贴”命令，则以“被复制面片”命名的面片数据被复制到特征树，如图 4-67 所示。

二、编辑并优化面片

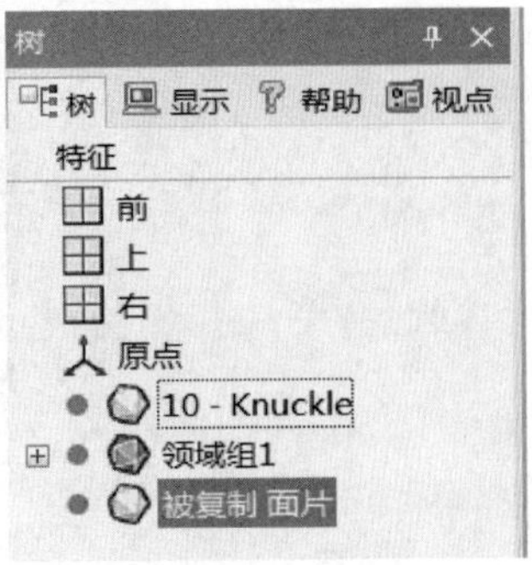

图 4-67 特征树

（1）选择特征树里的“Knuckle”进行编辑，在多边形选项卡下选择偏移命令，按住 Shift 键，选择下面的 8 个领域，如图 4-68 所示，偏移距离设置为 1mm，如图 4-69 所示，点击对钩按钮并完成偏移，图 4-70 所示为前后对比图。

（2）在多边形选项卡下选择“整体再面片化”命令（）。将对象边线的平均长度设置为 0.5mm。点击对钩按钮并完成整体再面片化，如图 4-71 所示。

（3）在多边形选项卡下选择“加强形状”命令（），各选项设置如图 4-72 所示，点击对钩按钮并完成加强形状。

（4）在多边形选项卡下选择“面片的优化”命令（），将方法设置为“优质面片转

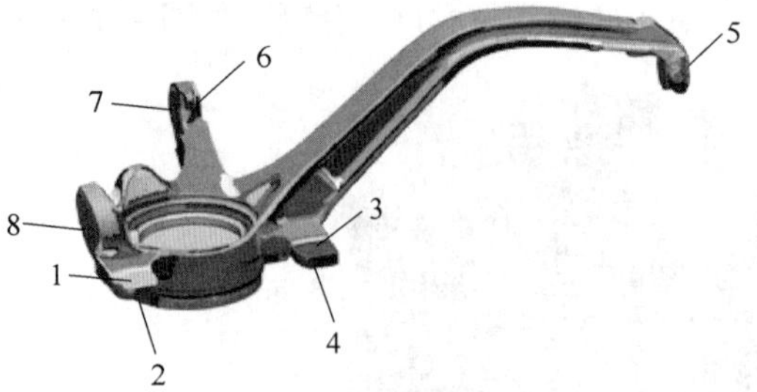

图 4-68　8 个区域

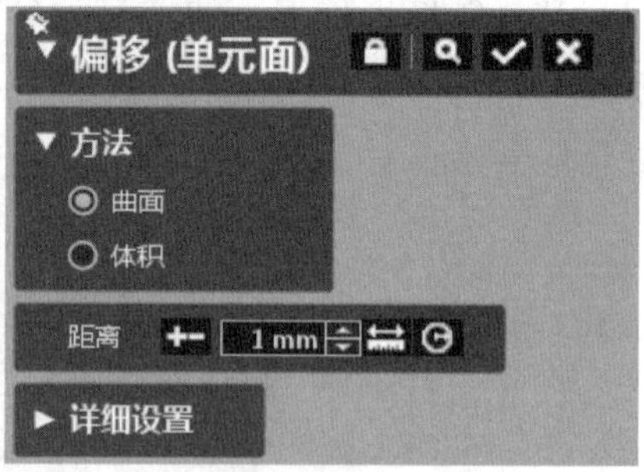

图 4-69　偏移距离

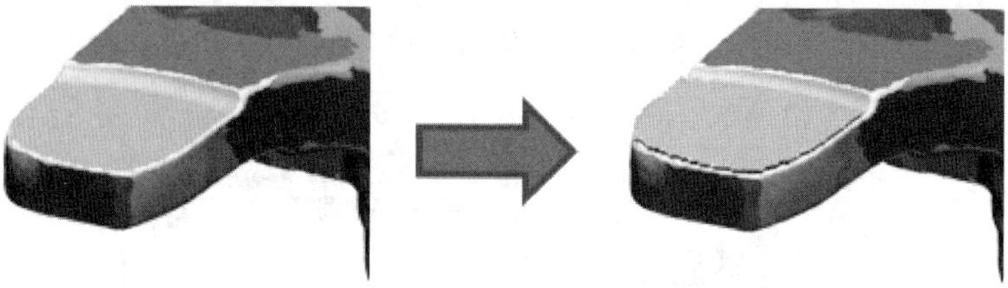

图 4-70　偏移对比

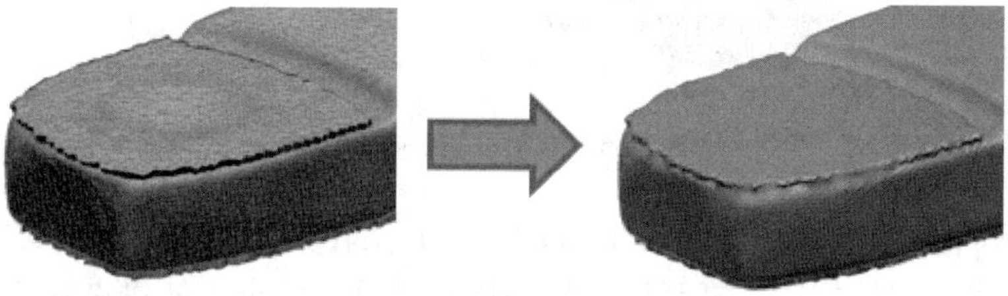

图 4-71　整体再面片化

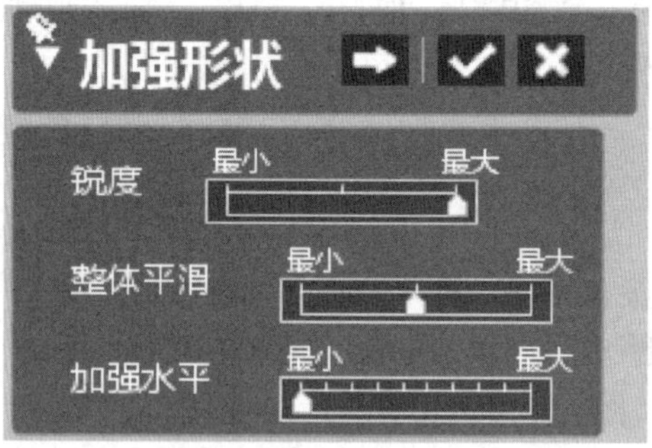

图 4-72　选项设置

换”，如图 4-73 所示，点击对钩按钮并完成面片的优化。

三、创建实体

在曲面创建选项卡下选择“自动曲面创建”命令（◈），选择“Knuckle”作为面片

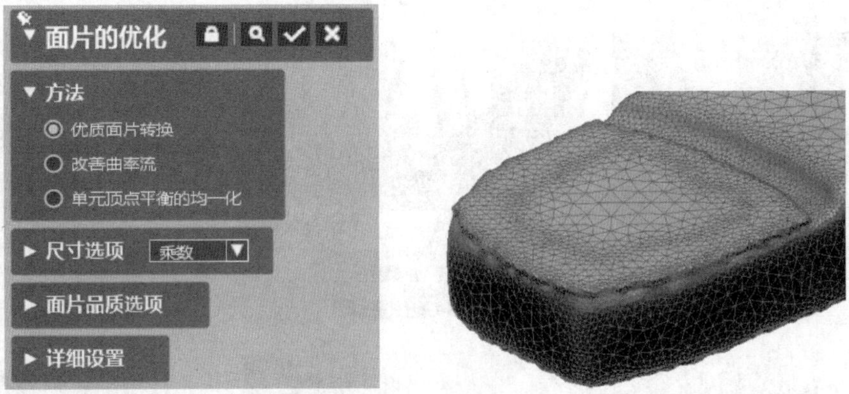

图 4-73 面片优化

并点击“机械”按钮，然后点击对钩按钮，完成自动曲面创建，如图 4-74 所示。

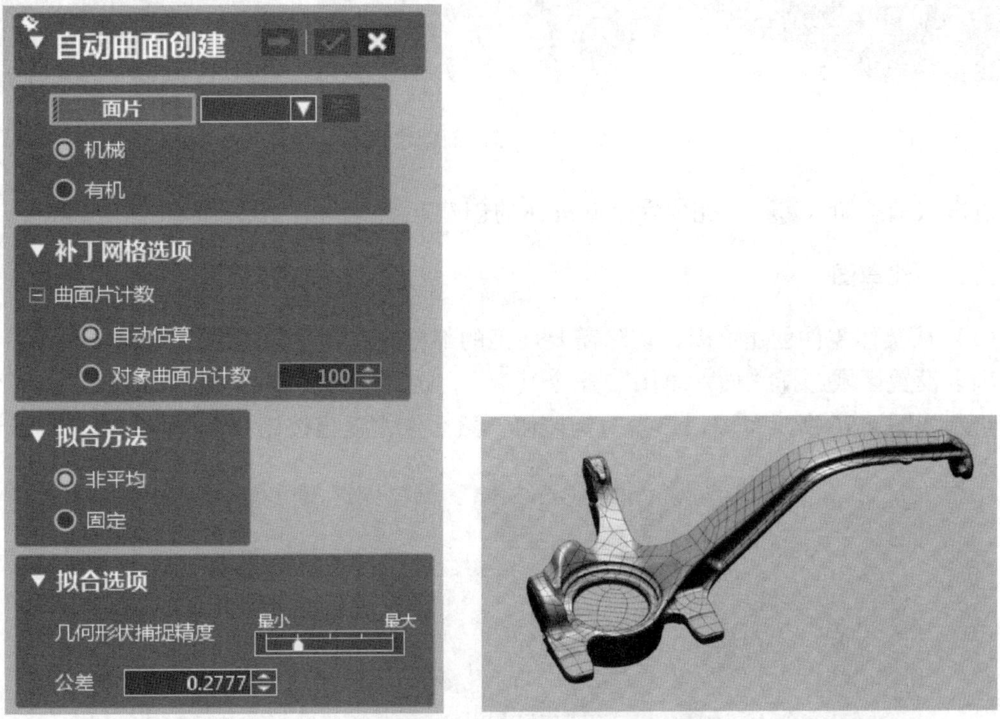

图 4-74 自动曲面创建

四、创建切削平面

创建作为草图平面的参考平面，这些平面应该位于原始面片而不是偏移后的面片。

（1）在特征树里点击“被复制面片”，在领域选项卡下选择“自动分割”命令，然后点击对钩按钮，完成自动分割。

（2）在模型选项卡下选择“平面”命令（⊞），逐个选择图 4-75 所示的领域并点击对钩按钮。

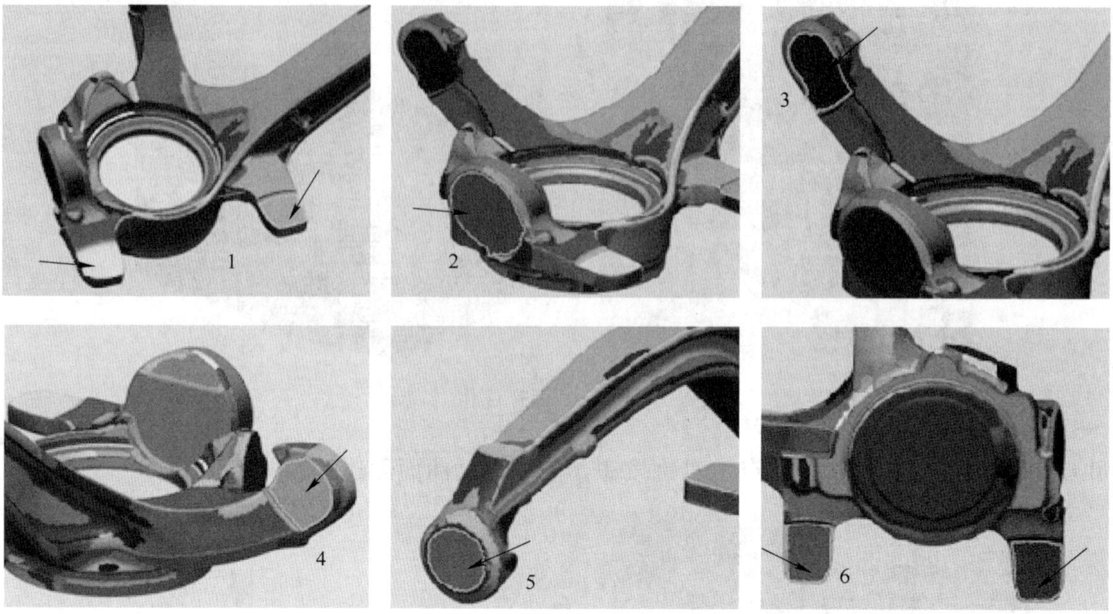

图 4-75　基准面创建

点击取消按钮（ ），完成六个基准面的创建。

五、创建草图

（1）从实体零件创建草图，切除需要加工的部分，在特征树里点击“Knuckle”，在草图选项卡设置区域选择“面片草图”命令（ ），选择平面 1 作为草图平面并点击对钩按钮，绘制如图 4-76 所示草图。点击对钩按钮，然后点击退出按钮（ ），完成面片草图。

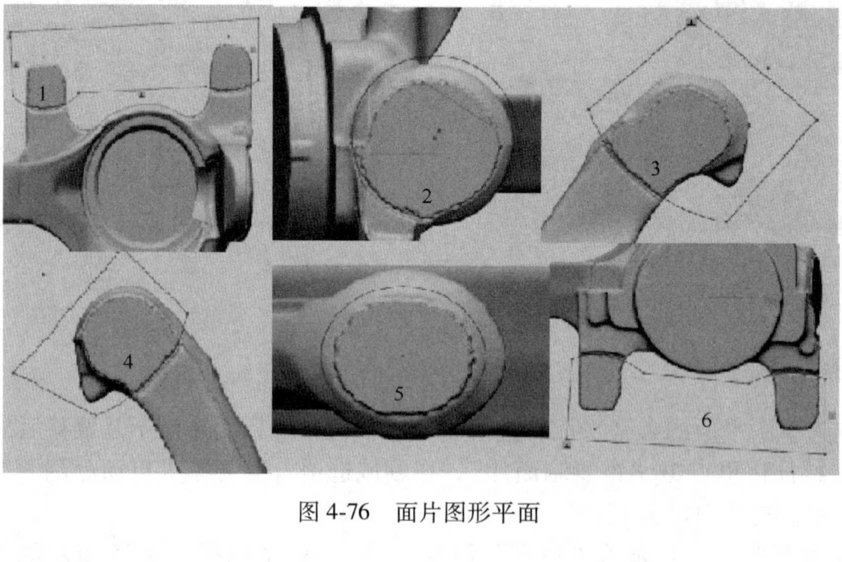

图 4-76　面片图形平面

（2）按此步骤逐一选择平面 3、4、5、6 作为草图平面并点击对钩按钮，绘制如

图 4-76 所示草图，然后点击退出按钮，完成面片草图。草图创建完成，如图 4-77 所示。

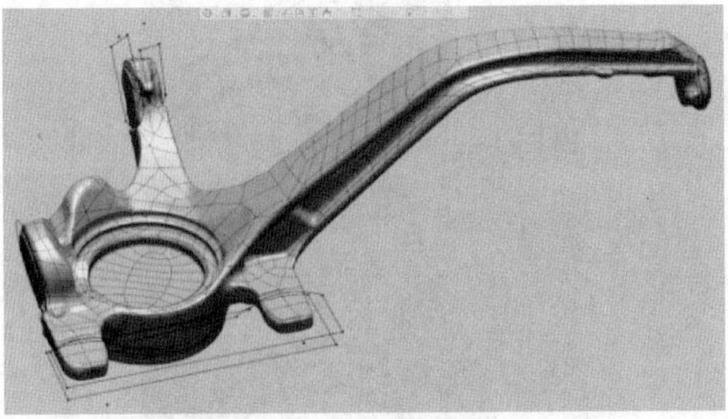

图 4-77　草图创建完成

六、用草图拉伸切除实体

（1）拉伸草图（ ）并切除实体。在模型选项卡（见图 4-78）下的创建实体区域选择拉伸，选择草图 1 作为基准草图并在结果运算里选择切割选项，设置方法为距离，长度为 20mm，点击对钩按钮，完成拉伸，如图 4-79 所示。

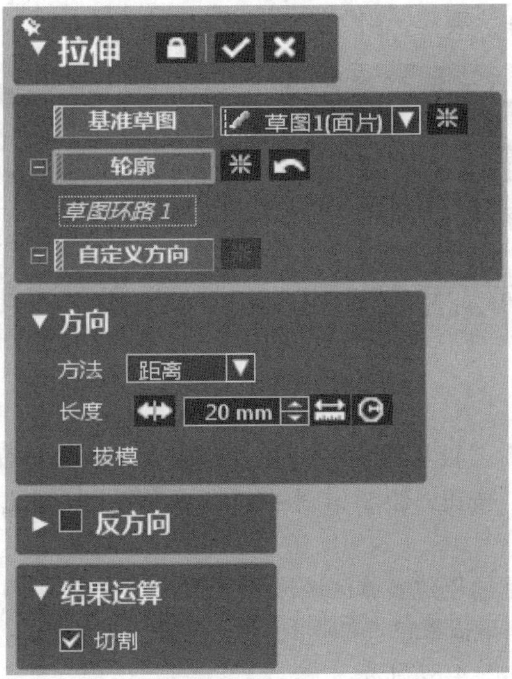

图 4-78　模型选项卡

（2）重复切割实体的操作，选择拉伸命令，分别选择草图 2、3、4、5、6 作为基准草图并在结果运算里选择切割选项，点击对钩按钮，完成拉伸。

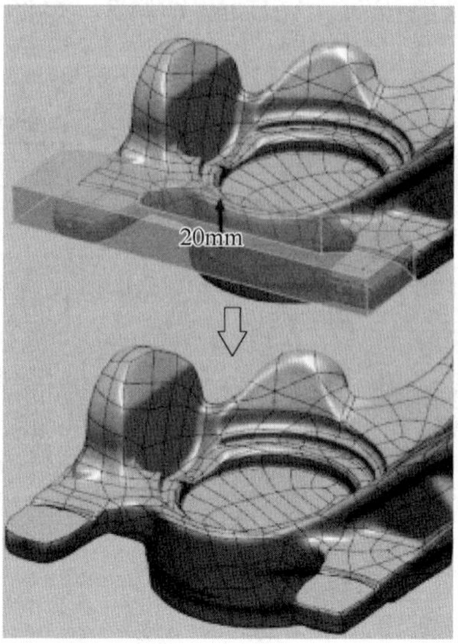

图 4-79　草图 1 拉伸完成

七、创建装配孔

（1）在“模型”—“参考几何模型”选项卡里选择“轴线”命令（![icon]）。创建圆柱体的轴，选择上面和右面作为要素，用 2 平面相交创建一条轴线，如图 4-80 所示。

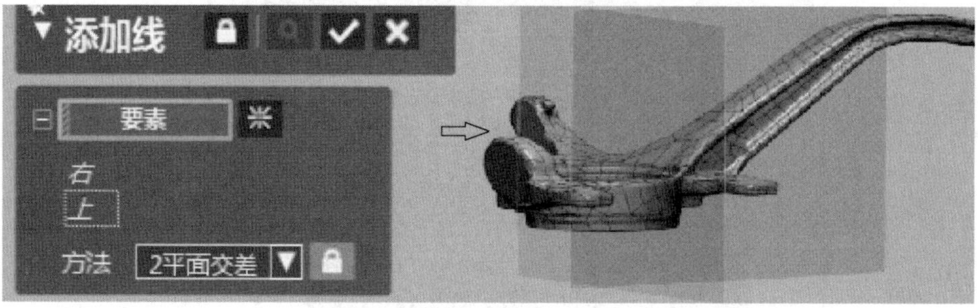

图 4-80　创建轴线

（2）在特征树里点击“被复制面片”，在草图选项卡下选择面片草图，选择右面作为基准平面并点击“应用”按钮，绘制如图 4-81 所示草图。点击退出按钮（![icon]），完成面片草图。

（3）在模型选项卡下的创建实体区域选择“回转”命令（![icon]）。选择草图 7 作为基准草图，线 1 作为轴并在结果运算里选择“切割”选项，点击对钩按钮，完成回转切割，本次混合建模任务完成，如图 4-82 所示。

拓展练习：生成叶轮模型流程

使用曲面和实体工具创建一个叶轮模型。

（1）导入练习文件 yelun. stl。单击“导入”按钮或者从“菜单”—“插入”选项选择导入，从导入对话框里找到练习文件夹，从导入对话框选择文件 yelun. stl，单击“仅导

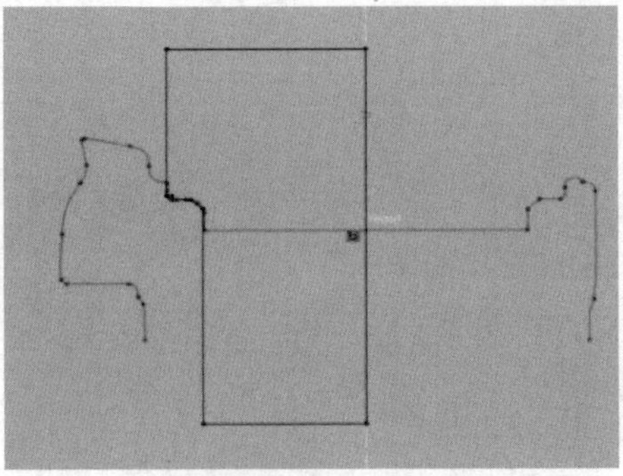

图 4-81　草图

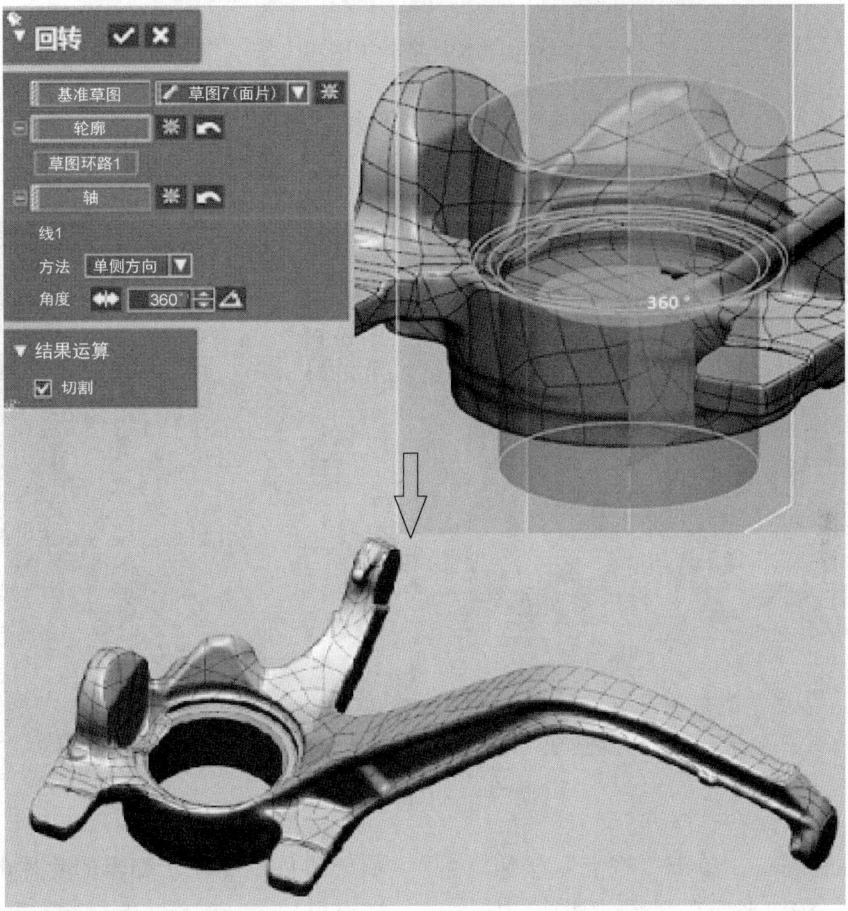

图 4-82　建模完成

入”按钮，零件便会加载并在模型视图界面显示出来，如图 4-83 所示。

（2）在多边形面板，使用填孔（　）和智能刷（　）来填补和光顺叶轮上的单个叶片。

假设所有叶片是相同的，建模仅仅需要修改一个即可，建好的单个叶片可以用来阵列。使用“修复孔/突起”—“填孔”命令，选择所有在叶片上的孔并使用曲率方式进行填

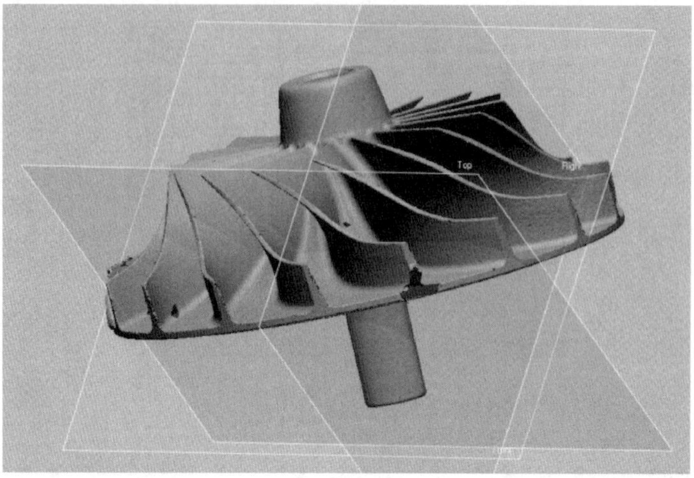

图 4-83　叶轮视图

补，使用“向导”—“智能刷”命令，并选择“平坦”选项，涂刷粗糙区域进行平滑，如图 4-84 所示。

图 4-84　粗糙区域平滑

（3）在树窗口，单击“视点”按钮（ ）。旋转零件以专注于编辑的叶片部位，选择“追加视点”按钮来保存视图。切换到树窗口，视点可以保存以方便后面能快速查看编辑的叶片，如图 4-85 所示。

图 4-85　树窗口

（4）编辑完面片，使用“优化”—“消减”命令（ ）来减少三角面片数。在方法里选择“许可偏差”，在选项里使用偏差 0.01mm，应用命令并查看新的面片质量，如图 4-86 所示。

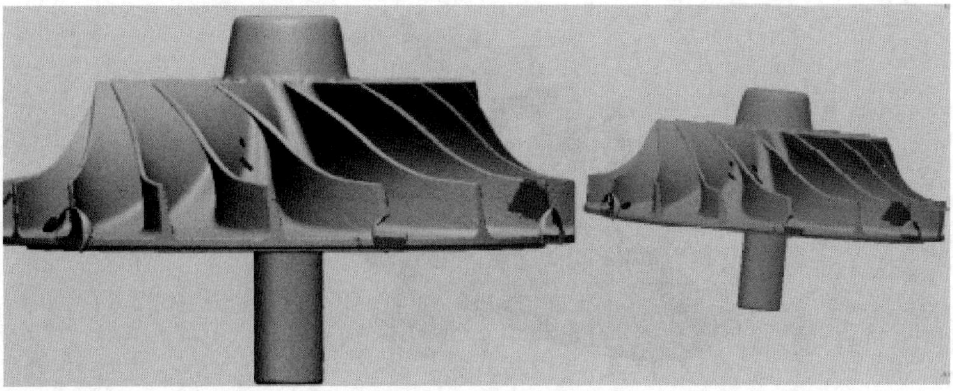

图 4-86 面片质量偏差

（5）在领域菜单选择“自动分割”命令（ ），灵敏度设置为 5，单击对钩按钮，使用“编辑”—“合并”命令（ ）合并叶片两边的领域。按住 Shift 键可以在单个面上选择多个领域，选择几个领域后“合并”按钮即被激活。点击“合并”按钮就可以把几个领域合并成一个领域，在叶片另一侧进行同样操作，如图 4-87 所示。

图 4-87 领域合并

（6）对齐坐标系，创建参考。选择“几何图形”—“线”（ ），可以更精确地对齐扫描数据。使用回转轴方法，选择所有的中心轴为叶轮回转中心的领域，预览并确定所作的直线，如图 4-88 所示。

（7）使用“对齐”—“扫描至整体”—“手动对齐”（ ）来使扫描数据和坐标系对齐。确认面片已经被选择并进入到下一个阶段。切换移动方法为 X-Y-Z，位置定义：选择直线 1 和扫描数据底部的平面区域。设定 Z 轴到直线 1，如果方向不对，可以切换 Z 轴的正方向。使用篮圈操纵器沿着 Z 轴旋转零件，直至 X 轴通过编辑过的叶片部位，检查对齐结果，应如图 4-89 右侧所示，单击对钩按钮。

（8）在右平面创建面片草图，改变生成草图方法为回转投影，使用由基准平面偏移角

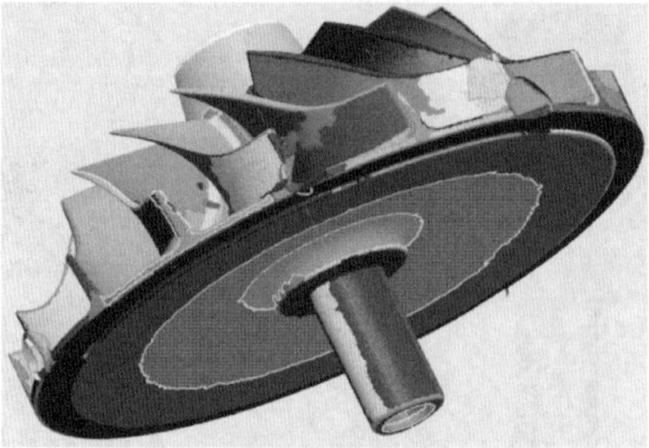

图 4-88　创建参考

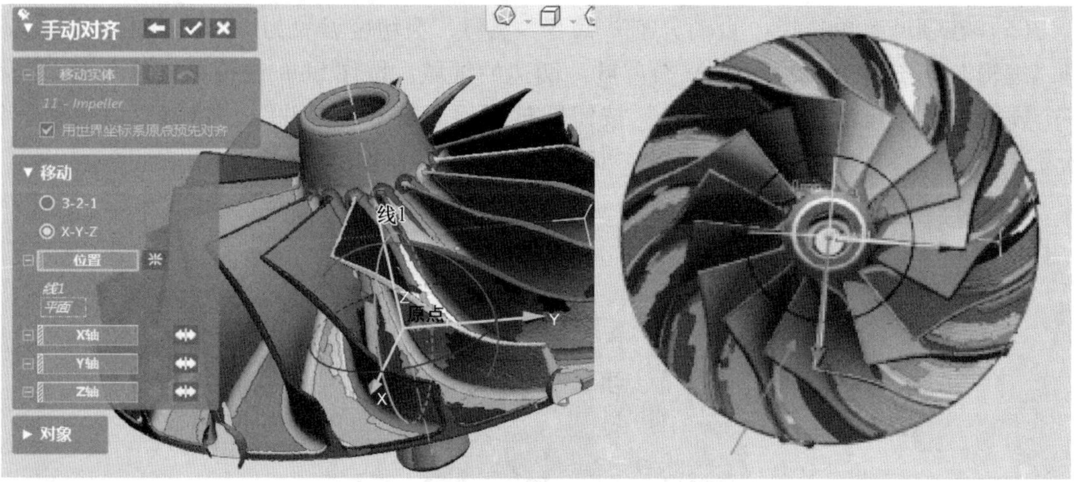

图 4-89　手动对齐

度或者旋转绿色圆圈找到最好的草图叶轮主体角度，单击对钩按钮进入到草图环境，如图 4-90 所示。

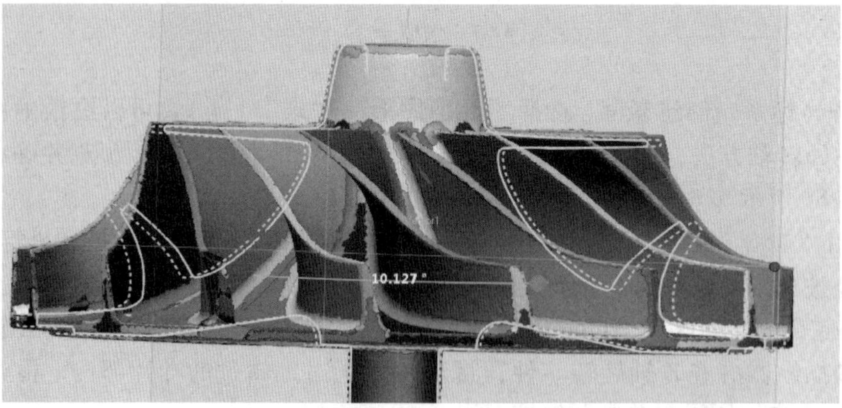

扫码看彩图

图 4-90　草图环境

（9）草图外形如图 4-91 所示的轮廓，使用圆弧和直线命令绘出叶轮内轮廓，完成后退出草图，由于叶轮底部不是通过旋转生成的，所以底部不必绘出。

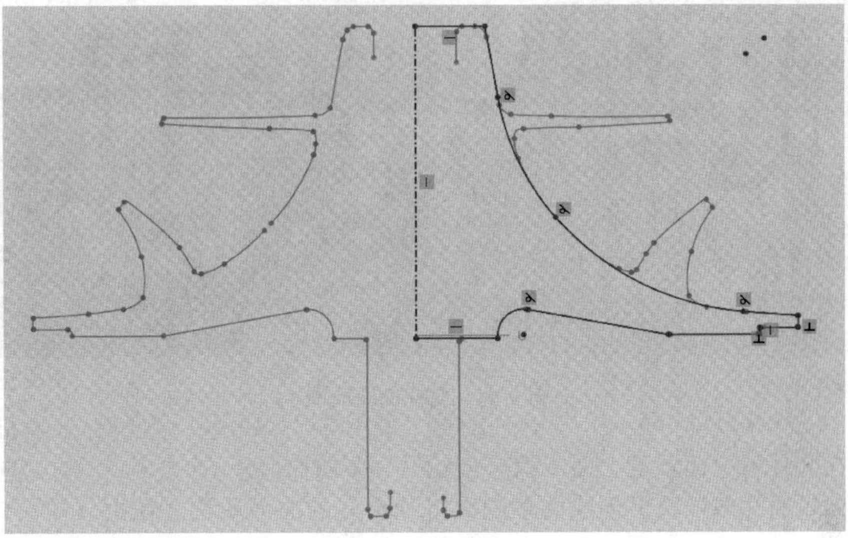

图 4-91　草图外形轮廓

（10）使用“创建实体”—“旋转” 命令（　）创建一个体。选择先前的草图作为基本草图外形，选择草图中心线为旋转轴，应用命令，如图 4-92 所示。

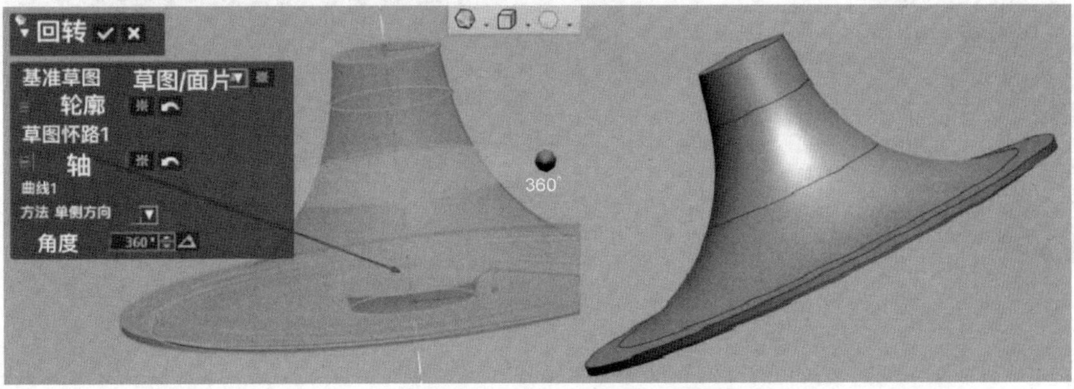

图 4-92　旋转创建实体

（11）叶片创建，使用“放样”或者“面片拟合”命令在叶片两侧创建曲面。

方法 1：在叶片领域面上右键选择“放样” 命令（　）。在“断面” 选项里选择通过“断面数”，设定断面数为 7，并增加平滑度。在轮廓类型里选择“参照平面+面片草图”使用红、绿和蓝点调整曲面边界，保证生成的曲面大于面片，然后进入到下一个阶段。开启体偏差命令，左键并按住一个平面可以调整这个平面的位置。Ctrl+左键可以添加一个新的面，调整这个面以达到更准确的效果，如图 4-93 所示。

方法 2：在叶片领域面上右键选择“面片拟合” 命令（　），调整合适的参数或者单击确认按钮完成命令，如图 4-94 所示。

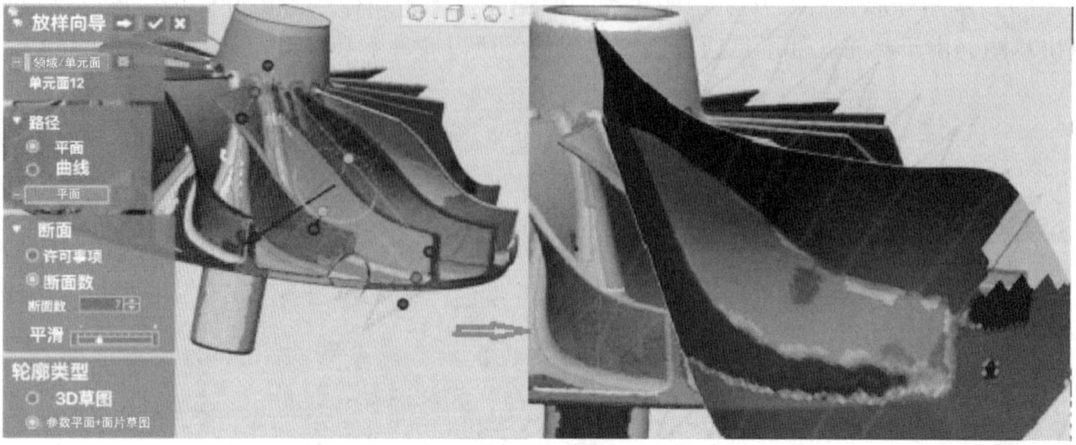

图 4-93 放样创建曲面

扫码看彩图

（12）在叶片另一面重复上面步骤来创建另一张曲面。

（13）编辑通过放样精灵创建的草图以得到更好的曲面质量。在由放样

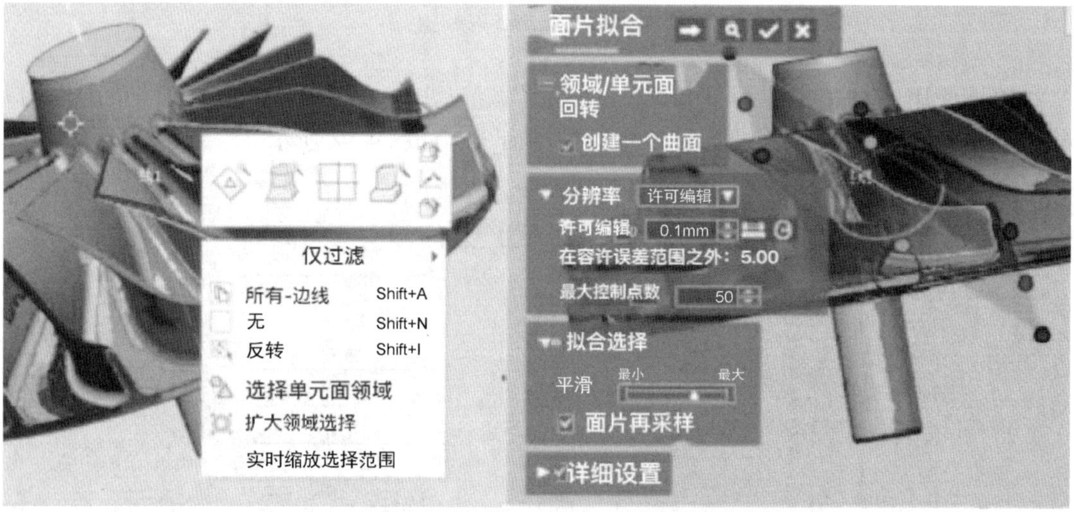

图 4-94 面片拟合创建曲面

精灵生成的面片草图 5 或者其他任意草图右键并选择编辑命令，选择生成的样条线。在“再创建样条线”—“插入点数”对话框输入 20，然后按回车键，查看样条线，并再次编辑数值，更改为 10，退出草图并查看光顺效果，如图 4-95 所示。

（14）可以对其他草图进行同样功能练习，通过减少样条线上的控制点来改变放样面的效果是一种编辑方法。其他编辑方法：删掉样条线，使用直线和圆弧命令重新创建样条线，如图 4-96 所示。

（15）在右基准面上创建面片草图来捕捉叶片外轮廓。在草图设置里改变选项为回转投影，旋转轮廓投影范围可以创建一个通过旋转轴投影的草图需要的区域，为了得到好的横截面也可以调整偏移角度。使用直线和圆弧命令创建叶片外部轮廓，创建如图 4-97 所

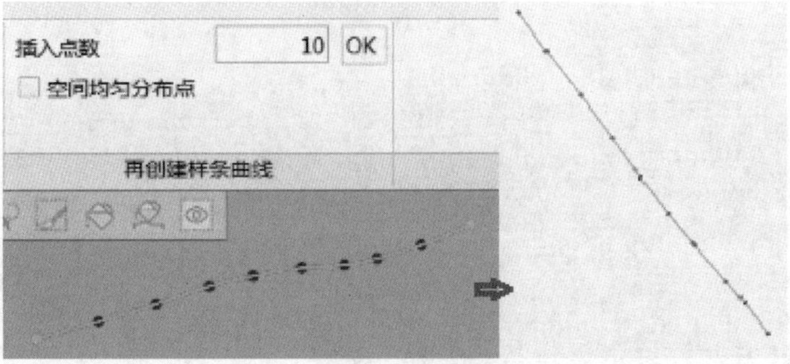

图 4-95　放样精灵

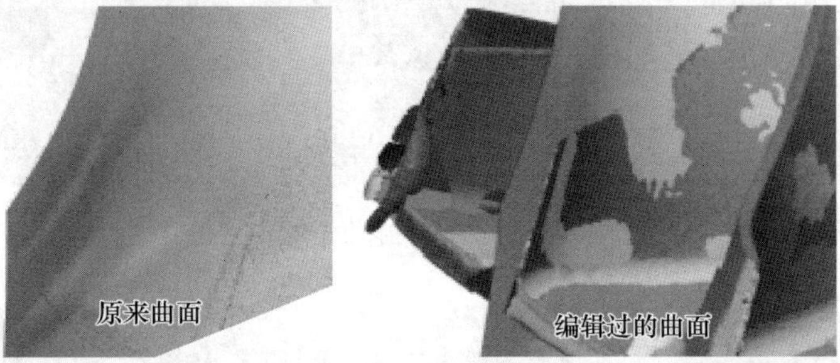

图 4-96　编辑对比图

示的草图后退出。开放轮廓可以创建曲面，封闭轮廓可以创建旋转实体。

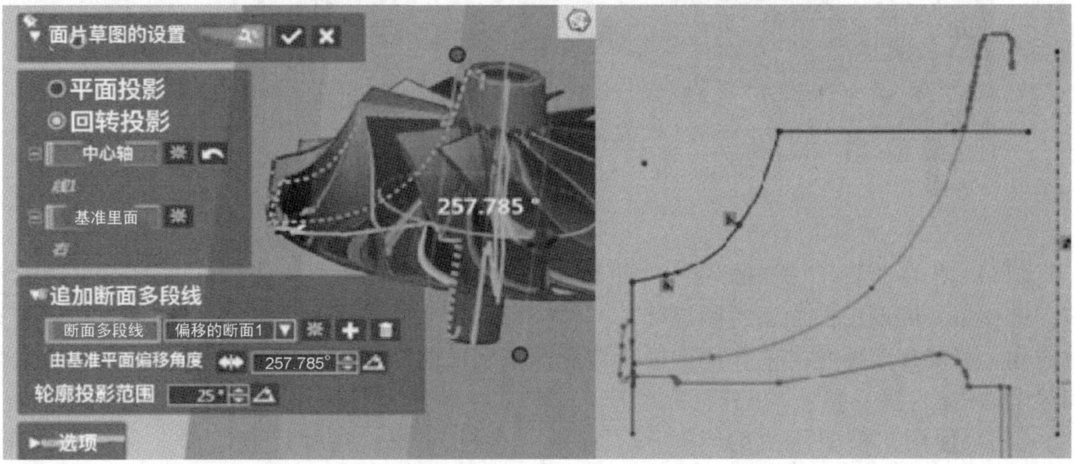

图 4-97　回转投影

（16）使用“创建曲面”—“旋转”命令（）旋转一个能穿过叶片面的曲面。轮廓命令将把草图放在叶片附近或者在叶轮反侧。可能需要两个方向小的旋转角度或者大的旋转角度来包裹整个叶片，操作如图 4-98 所示。

（17）使用“编辑”—“曲面偏移”命令（）在原来回转实体上偏移曲面，以创建封闭的叶片面。选择实体的回转面。设置偏移距离为 0 并应用，然后退出命令。偏移 0 就相当于在实体上复制了一个组面，操作如图 4-99 所示。

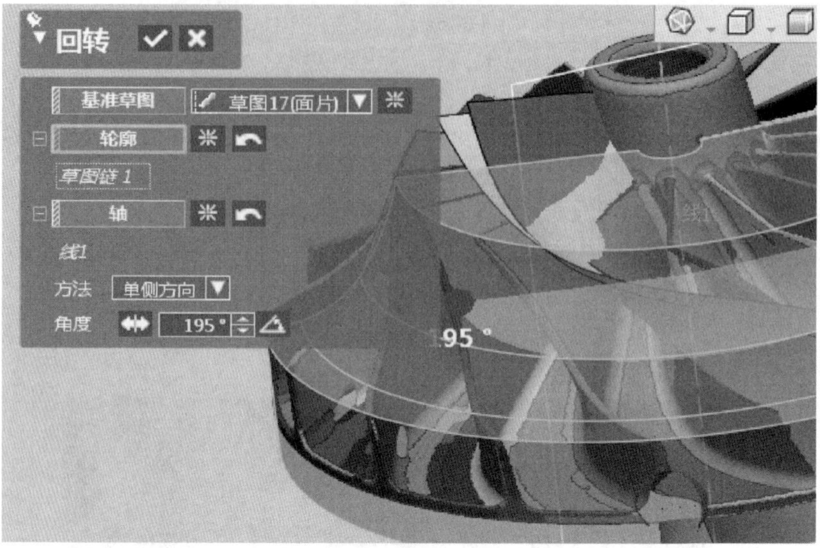

图 4-98　旋转轮廓

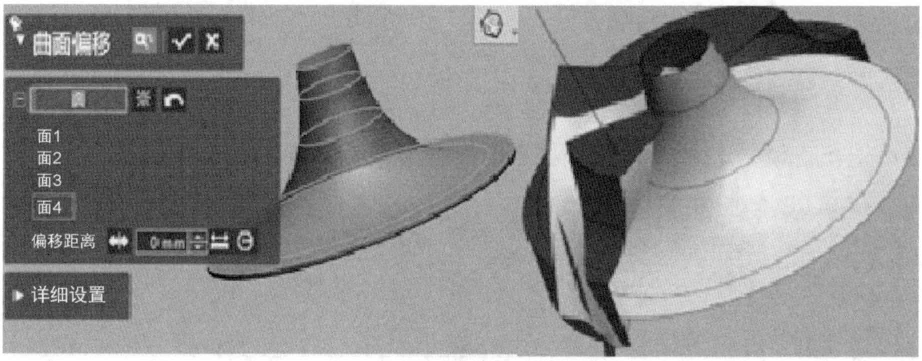

图 4-99　偏移

（18）使用“菜单”—“插入”—“曲面”—“实体化”命令，从选择的曲面创建封闭实体。选择需要的四组曲面以封闭成叶片，并应用。如果有错误提示或者一张面没有通过其他曲面，那要在实体化之前使用曲面延伸命令来延长曲面。显示实体图素，查看叶轮主体和单个叶片。

（19）使用“模型”—“编辑”—“圆角”命令（）在叶片棱边加上一个小圆角，半径为 0.05mm，如图 4-100 所示。

（20）使用“阵列”—“圆形阵列命令”（）创建其他叶片，选择叶片作为体，选择直线 1 作为回转轴，设定数量为 16 个，如图 4-101 所示。

（21）使用“编辑”—“布尔运算”功能合并实体，设置操作方法为合并，选择 17 个叶片实体为工具要素，单击“确定”按钮把 17 个体合并为一个实体。

（22）在前基准面使用面片草图创建叶轮下面的轴颈。从基准面偏移一个距离保证草图能穿过整个轴颈，确认草图设置进入草图环境。使用圆弧和圆角工具创建草图，如图 4-102 所示。

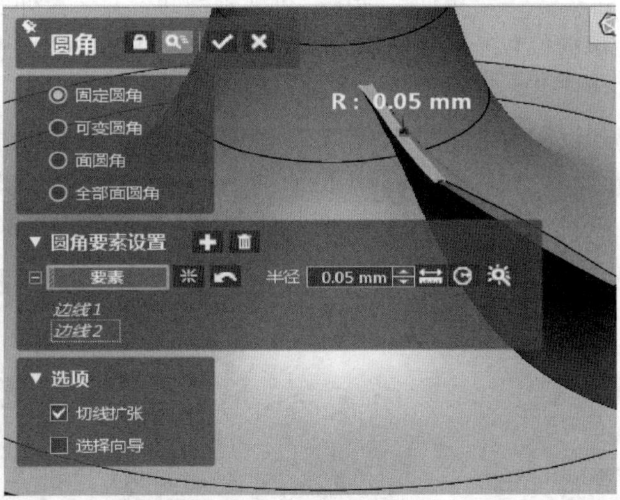

图 4-100　圆角设置

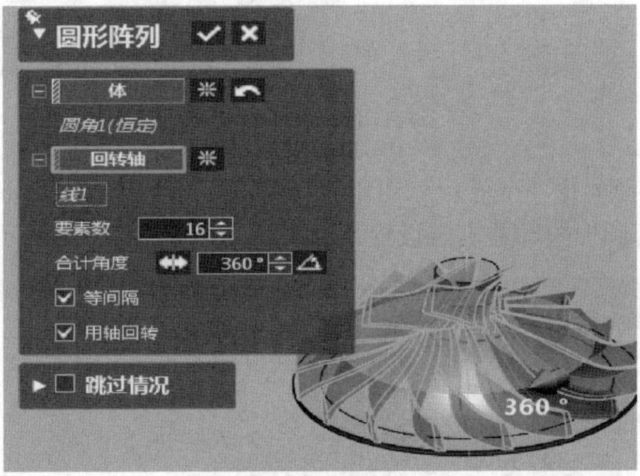

图 4-101　圆形阵列

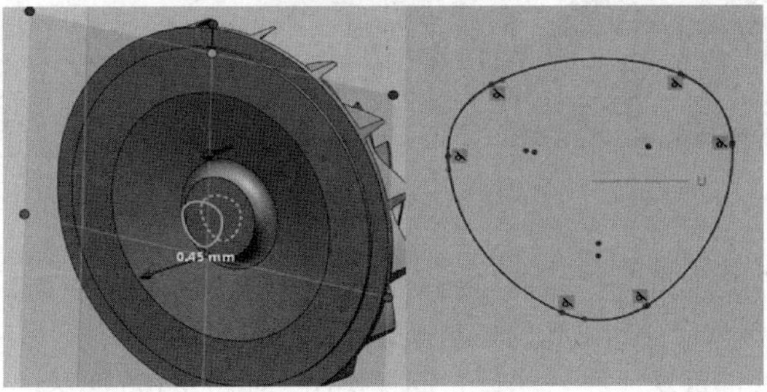

图 4-102　基准面偏移

（23）使用"创建实体"—"拉伸"命令，创建轴颈并合并，拉伸长度方法使用到领域选项，并使用最大距离的位置子选项。选择扫描数据轴颈底部区域为参考，在结果运算下面选择合并选项，如图 4-103 所示。

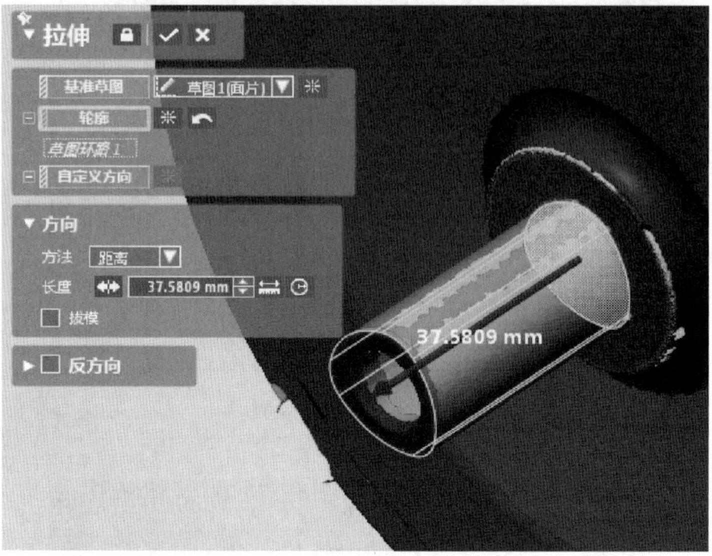

图 4-103　实体拉伸

（24）在轴颈顶面创建一个面片草图用来切出孔，选择上部实体面为基础平面，偏移草图轮廓以得到内部圆形轮廓并确定设置，退出草图，如图 4-104 所示。

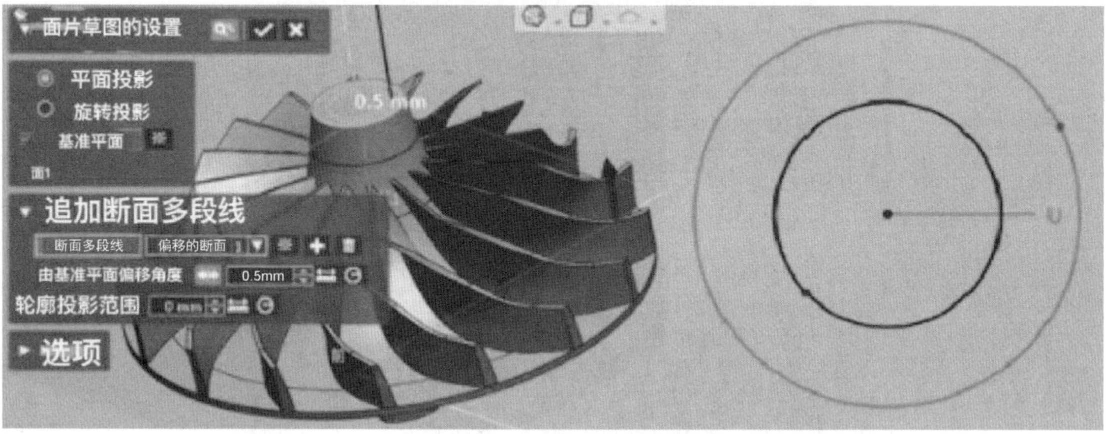

图 4-104　偏移草图

（25）使用"创建实体"—"拉伸"命令切割孔，设置方法为距离，切深 25mm，设置结果运算为切割，确认命令退出孔的切割操作，如图 4-105 所示。

（26）在轴颈底部重复（24）、（25）同样操作，如图 4-106 所示。

（27）在模型需要倒圆角的部位进行圆角命令操作，完成建模，如图 4-107 所示。

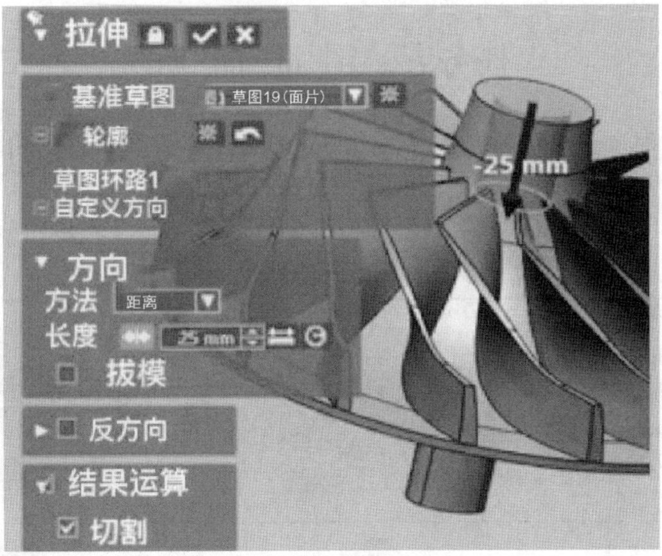

图 4-105　拉伸切割

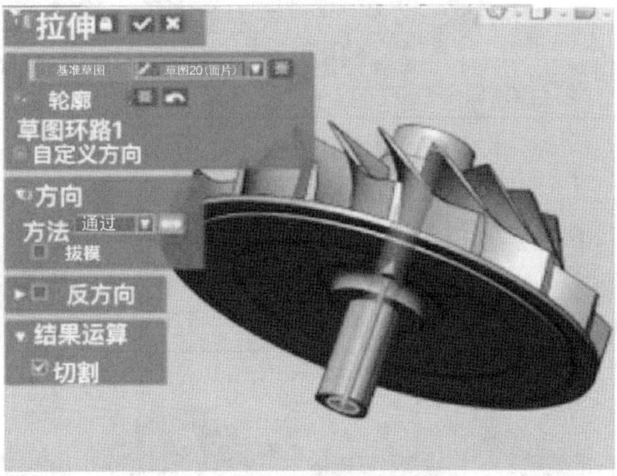

图 4-106　轴颈底部打孔

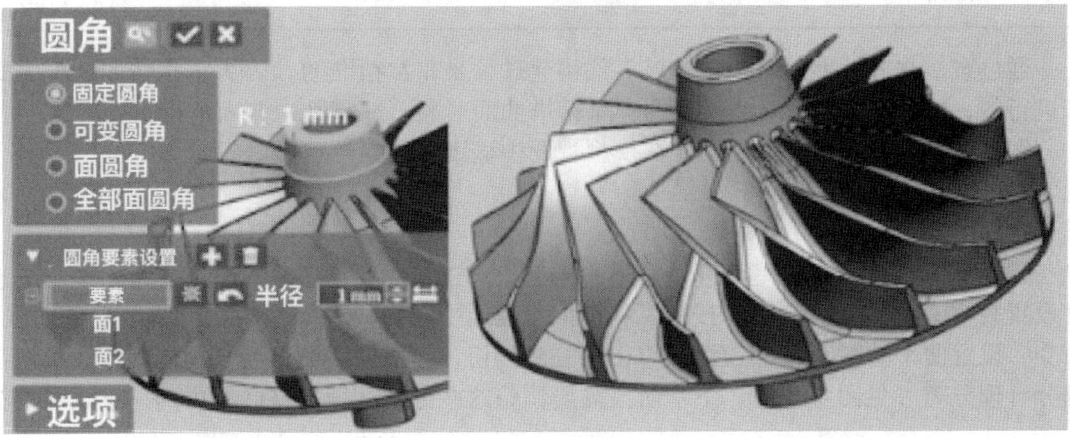

图 4-107　完成建模

任务五　精 准 曲 面

精准曲面是一种在扫描基础上形成指定平面的工作流程，在新的曲面工具条中，通过几个步骤来创建一个良好的修补网格进而生成曲面。

在曲面标签下的创建/编辑补丁网格组中有创建曲面所需工具，详情见表 4-1。

表 4-1　曲面创建操作步骤表

步骤 1：提取轮廓曲线 在网格上自动提取和检测高曲率区域的三维轮廓曲线。这些曲线可以编辑和调整，用来创建更好的补丁布局	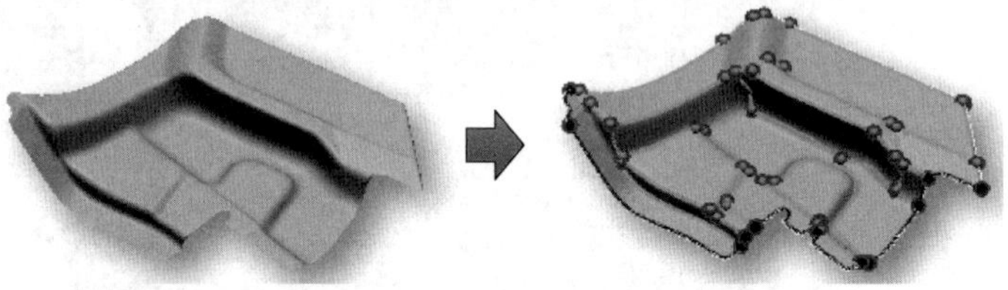
步骤 2：构建补丁网格 自动构建补丁布局内的补丁网格	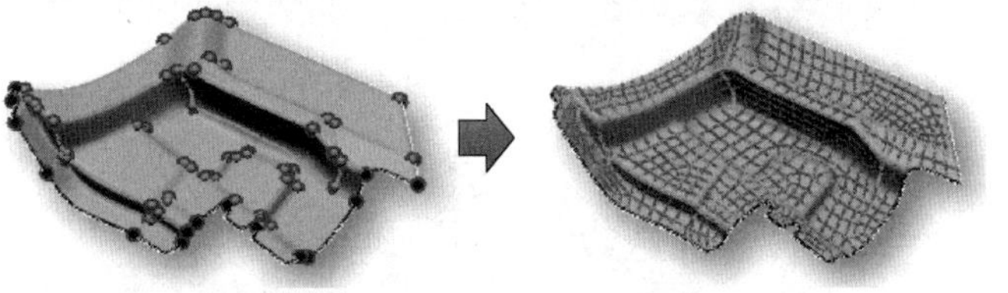
步骤 3：移动面片组 调整补丁面片在 3D 补丁网格内的布局，使他们更加连续和光顺	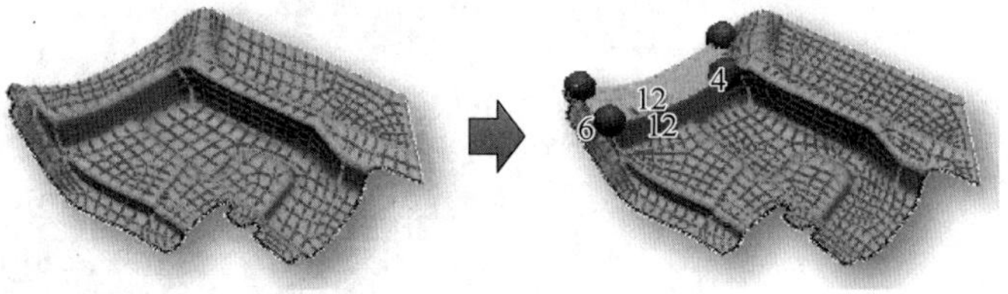
步骤 4：拟合曲面 在每个补丁网格内的 3D 路径创建 NURBS 曲面，这样规划完成后，一个精准的曲面会被创建出来	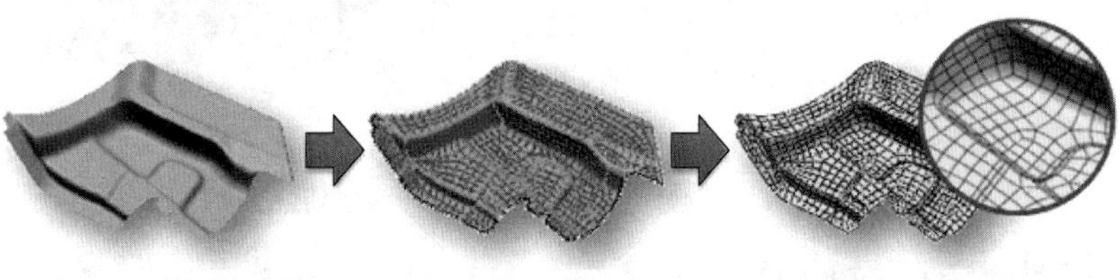

通过案例掌握精准曲面构建，该零件构建过程是非常精准的，因为它是按照匹配方式来进行的，将一个多边形对象转换为一个精准曲面对象，并将其中曲面进行精确构建。

案例零件文件导入，加载文件在模型视图中显示。

一、提取轮廓网格

（1）到曲面创建标签里面开始精准曲面创建。进入提取轮廓曲线命令，将曲率的敏感度设置为 60，然后单击下一步按钮，在曲面创建组中选择“补丁网格”—“提取轮廓曲线”命令，设置曲率敏感度为 60，然后单击下一步按钮，提取曲线命令会自动用红色线条把各部分合理分离（见图 4-108），下一阶段需要调整这些分割区域，将区域内的三维轮廓重新划分。

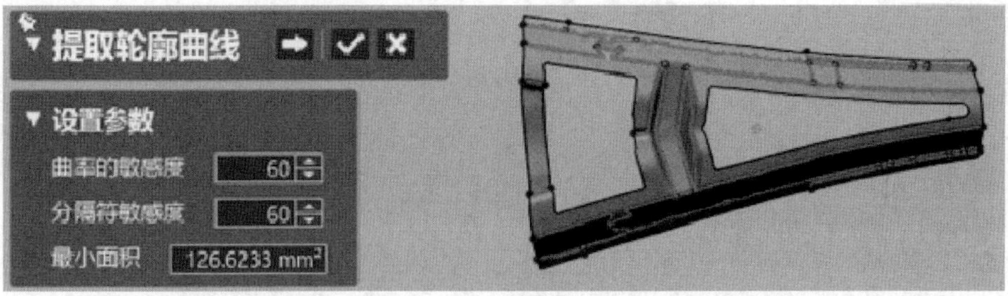

扫码看彩图

图 4-108 提取曲线

（2）进入下一步，单击“启用实时预览”选项，这样就可以对分割编辑进行实时预览，使用“画笔模式”来添加、移除和清理区域，通过最佳方式来延长所有分离区域的扫描边界，编辑轮廓曲线区域，按住 Ctrl 键可以删除选择分离的区域线，选择其他模式，如直线、矩形、圆都可以被编辑分离区域所选择，前后对比如图 4-109 所示。

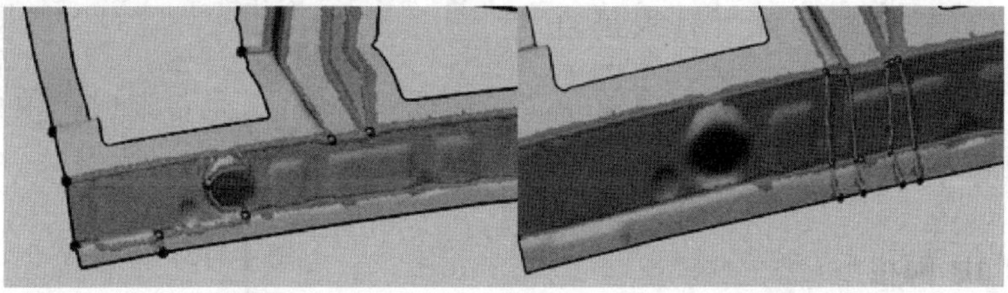

编辑前　　编辑后

图 4-109 编辑前后对比图

二、面片上编辑轮廓曲线

（1）生成的轮廓曲线是 3D 草图，可以到 3D 草图标签中进行编辑。通过 Ctrl+A 或者框选实体，来选择所有曲线。在 3D 草图标签下，找到“再创建”工具栏，更改插入点数为 10，然后单击“OK”按钮，每个曲线有 10 个点，这样曲线比较容易控制，如图 4-110 所示。

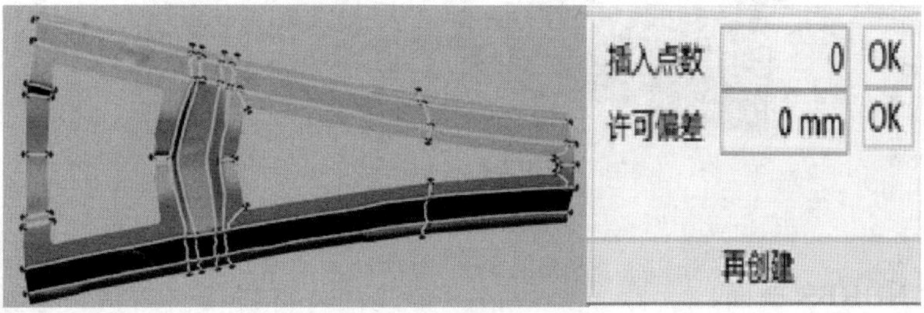

图 4-110 插入点数

（2）在轮廓曲线上选择一个连接点，并将该点前后来回摆动，使连接曲线更加平滑。调整所有轮廓曲线使它们与四边连续和平滑，可以使用“编辑”—“分割”工具来移除多余片段，如图 4-111 所示。

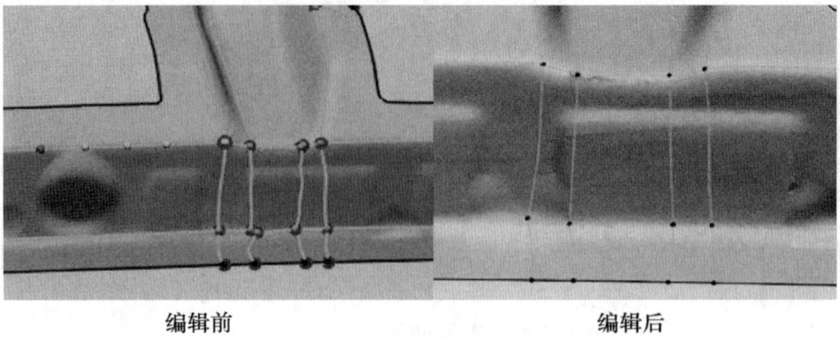

图 4-111　曲线平滑

（3）选择所有轮廓曲线并且再次进行“再重建”，在 3D 草图标签下，找到“再创建”工具栏，更改“插入点数”为 20，然后单击“OK”按钮。验证所有线是直的并且近乎连续，每四个边构成一个面而且这个面将决定补丁网格的布局，如图 4-112 所示。

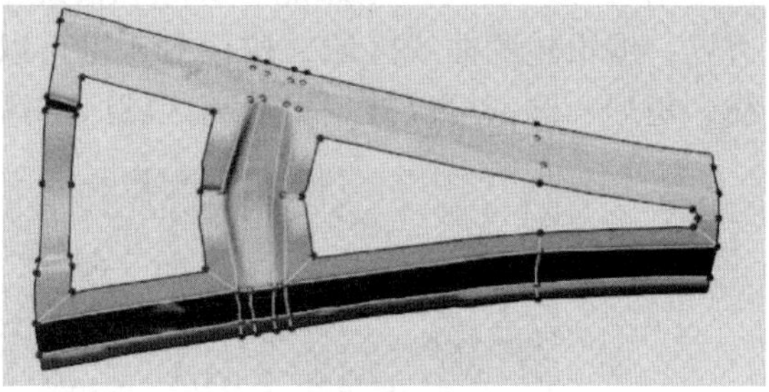

图 4-112　网格布局

三、构建 3D 网格

在面板中通过“构建面片网格”允许软件自动构建一个补丁网格，这个命令您可以在创建/编辑补丁网格组中找到。注意构建面片网格命令在 3D 草图和曲面创建中都可以找到，它们都在同一组中。选择“自动估算”选项，然后点击“接受”，如图 4-113 所示。

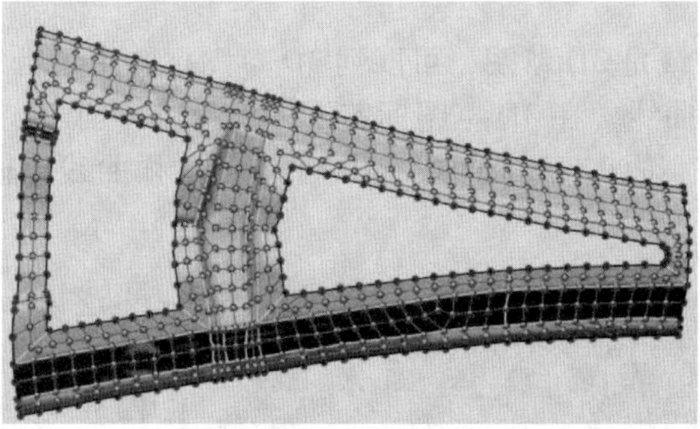

图 4-113　面片网格

四、创建 NURBS 曲面

在曲面创建标签里面，选择“拟合曲面”—“拟合曲面补丁”命令。在“面片曲线”中选择“3D 草图 1”（面片），在“拟合方法”中选择“非均匀”，调整几何形状捕捉精度滑块，来提高面片拟合的精度，生成精准曲面。

项目五

逆向案例实操与练习

任务一　基础样件的逆向工程——任务与练习

选择合适模式对该模型进行数据收集，并完成逆向设计，导出完整的 STL 文件，产品图片如图 5-1 所示。

步骤分析：

第一步，确定扫描模式，开始扫描。

第二步，确定数据足以进行逆向后进行封装、保存。

第三步，导入软件并对齐坐标轴。

第四步，针对模型特征选择合适的方式标识区域。

第五步，进行逆向设计并导出。

重难点提示：

由于本次扫描的目的是完成逆向，在扫描时，只要扫到足够的特征即可，不必追求特别完整的数据。

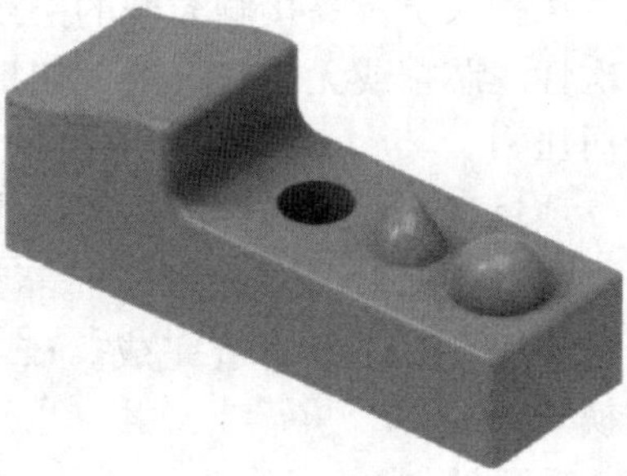

图 5-1　产品图

本模型作为教学演示模型，特征明显，可选择自动标识区别区域。实际应用中，有的特征需要仔细辨别。

扫码看
实操演示

任务二　基础特征模型（基础黑色样件）

选择合适模式对该模型进行数据收集，并完成逆向设计，导出完整的 STL 文件，产品图片如图 5-2 所示。

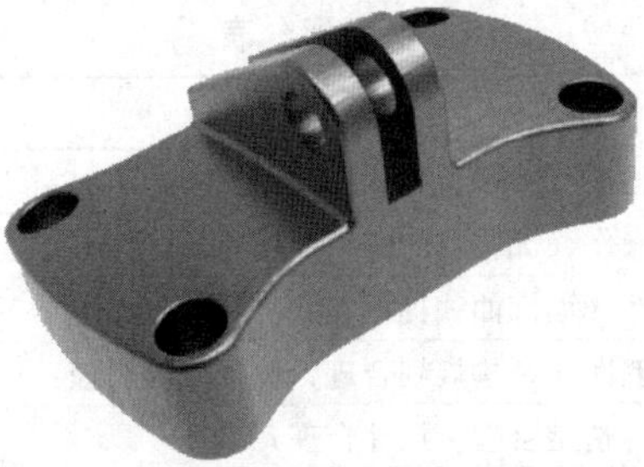

图 5-2　产品图

重难点提示：

由于本次扫描样件是黑色的，故需要喷粉。注意喷粉的角度，避免太厚或积淀在一个角度，影响扫描效果。扫描时灵活选择扫描模式，以能较好地扫出模型为准。

实际工件一般会需要复合型地使用多种功能。灵活、有效地使用合适功能，可以大大提高逆向的效率。

扫码看扫描演示　　扫码看逆向演示

任务三　实际案例的逆向设计——实操项目

综合实践项目：贴合面部且可反复使用的口罩设计

突如其来的新冠疫情让口罩变成了必需品。在疫情起始阶段，为了把成品口罩留给急需的医护人员及高接触人群的一线工作者，通过定制化的3D打印口罩架+符合国家标准的一次性滤芯棉或无纺布，给人们提供一个可替代的解决方案用于日常防护，缓解口罩供需矛盾压力。

项目目标：请为身边的同学或老师设计一个符合其面部曲线的口罩。

项目要求：（1）口罩与面部紧密贴合，做好防护。（2）除无纺布和固定带，其他部分请使用3D打印制造完成。（3）口罩应有固定无纺布的位置，且无纺布可方便拆卸更换。

项目计划：

流程设计：

1. 使用________获得设计对象的面部口罩贴合处真实数据。
2. 以数据为基础进行________。
3. 使用________材料进行________部分的3D打印，使用________材料进行________部分的3D打印。
4. 调试安装，必要时调整模型。

注意：项目过程无标准答案，以实际产品满足要求为准。

项目评分建议见下表：

项目评分表

项目	考核细节	分值
扫描过程	特征面片完整度（关键位置扫描数据完整）	10
	设备的规范操作（无损坏、流程完整）	5
造型过程	逆向的有效性（面部曲线提取完整、有效）	15
	规划设计合理性（结构规划合理，位置规划合理）	15
	造型合理性（造型合理，尺寸合理）	15
制作过程	3D打印操作（切片、设备使用）	10
	模型质量（光滑，无明显瑕疵）	5
	模型合理性（可装配，佩戴舒适度）	15
美观性	美观性（美观）	10
合计		100

扫码看口罩设计视频

项目六

逆向工程实例解析

任务一　自行车头盔灯支架的定制

好的自行车头盔灯支架，应该在保证强度和贴合度的同时，尽可能减轻重量，以减小头部承重。某公路自行车爱好者想为自己的头盔定制一款合适的自行车头盔灯支架，如图6-1所示。

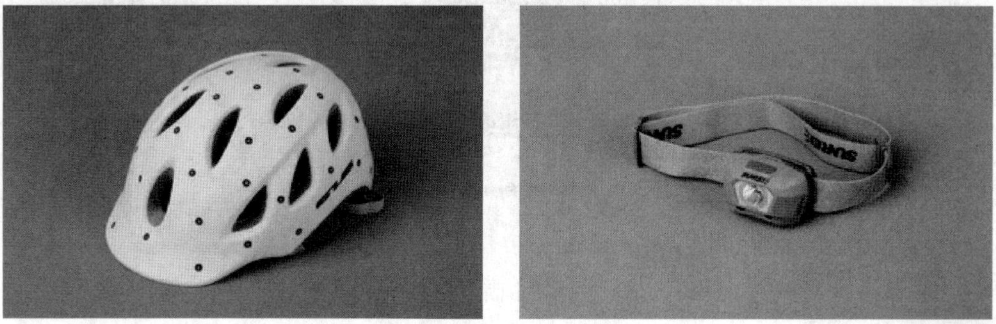

图6-1　定制示意图

扫码看相关视频

操作步骤如下：

（1）扫描头盔。贴点—使用手持精细模式进行扫描—输出数据（请思考为什么用手持精细模式），如图6-2所示。

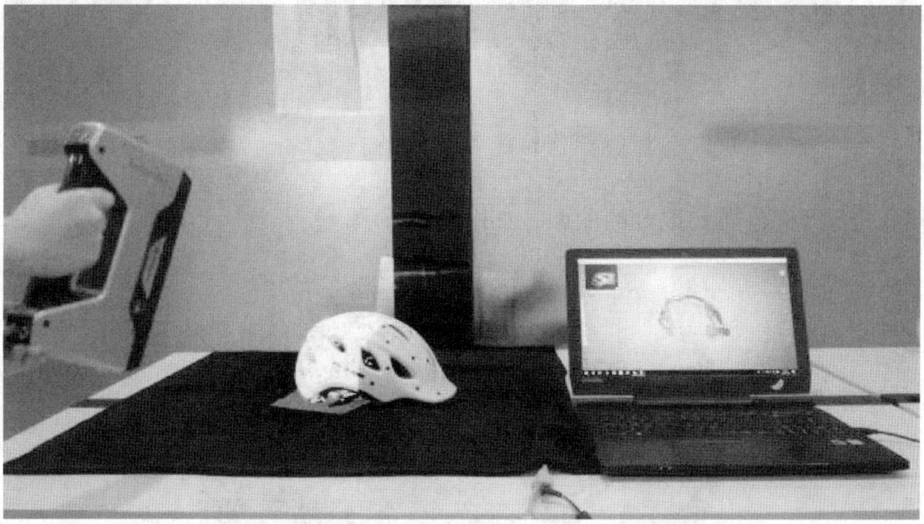

图6-2　手持模式

（2）扫描头灯。安装工业模块—使用固定模式进行扫描—输出数据（请思考为什么使用固定模式），如图6-3所示。

（3）逆向设计。将扫描好的数据（STL文件）导入逆向设计软件（本次使用Solid Edge ST10）—对数据分别进行逆向工程—完成关键特征等的提取与重建。

步骤1：进行头盔的关键数据提取，确认头盔端支架安装面，如图6-4所示。

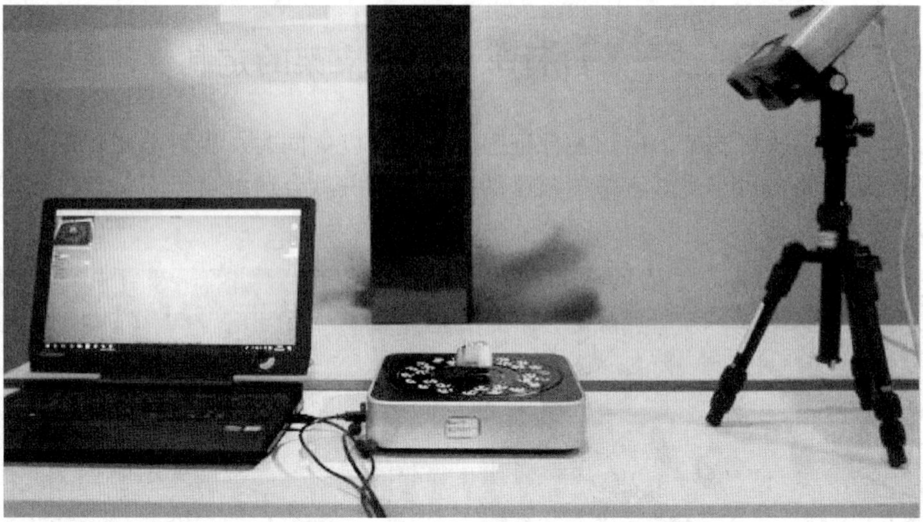

图 6-3　固定模式

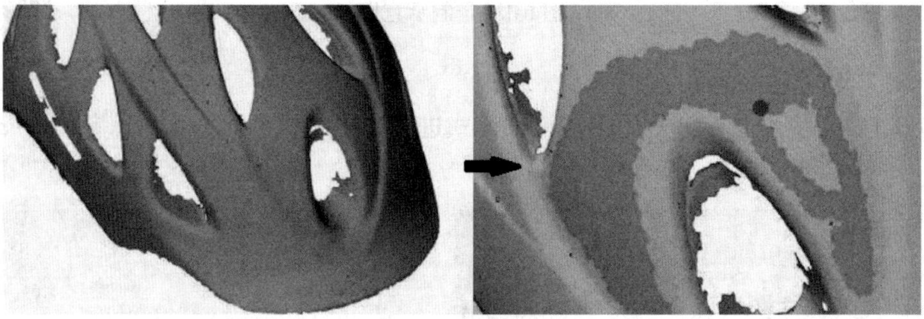

图 6-4　头盔安装面

步骤 2：选出头盔需要拟合的曲面，如图 6-5 所示。

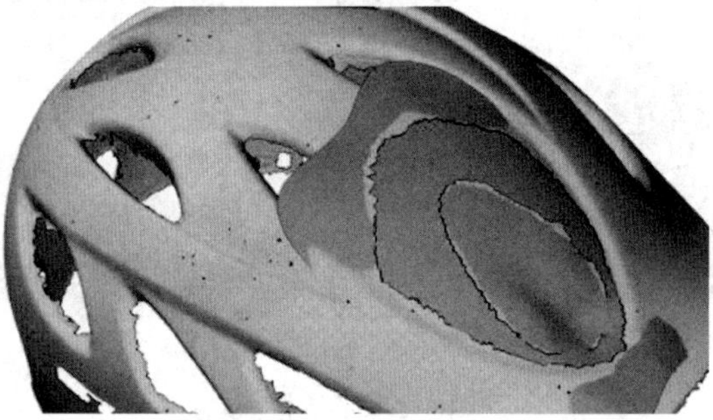

图 6-5　拟合曲面

步骤 3：提取头盔关键面片，完成主要面片的提取，如图 6-6 所示。

步骤 4：进行头灯的关键数据提取，确认头灯端支架安装面，如图 6-7 所示。

步骤 5：选出头灯关键曲面，提取出关键的面片，完成头灯主要面片的提取，如图 6-8 所示。

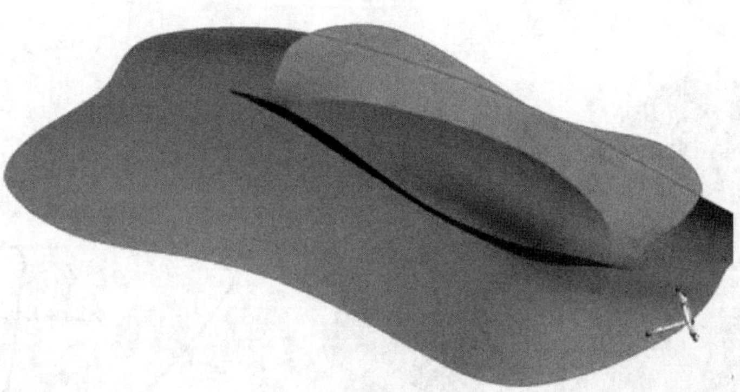

图 6-6　头盔关键面片

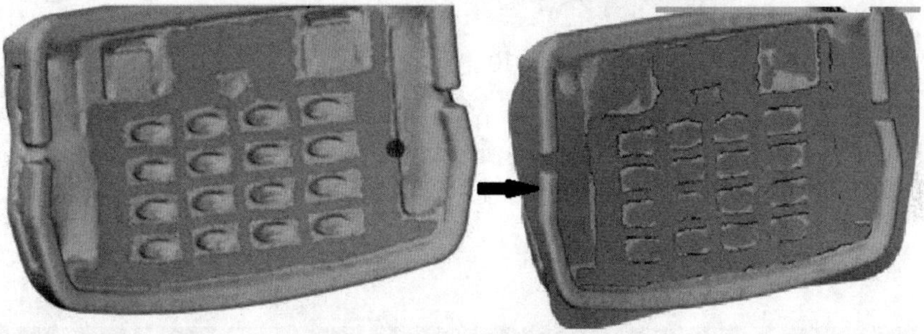

图 6-7　支架安装面

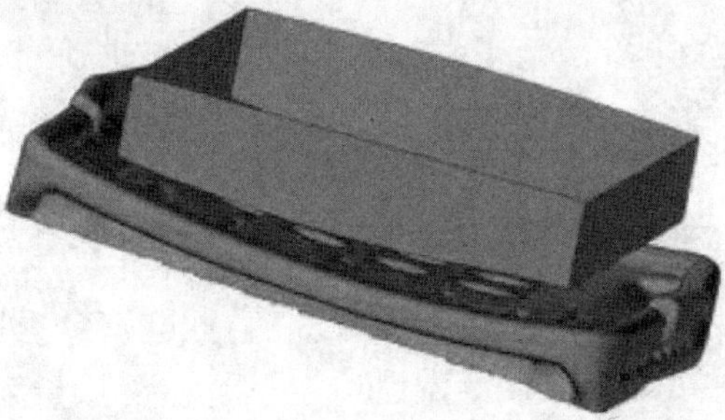

图 6-8　头灯关键面片

步骤 6：对提取出的曲面进行裁剪精修，如图 6-9 所示。

步骤 7：根据头灯和头盔的关键尺寸进行支架设计，如图 6-10 所示，完成支架的造型设计。

（4）创成式设计。将完成的数据使用软件进行轻量化设计。

步骤 1：设置材质、受力、保留范围等参数。

步骤 2：设置进行创成式设计拓扑优化的质量要求。

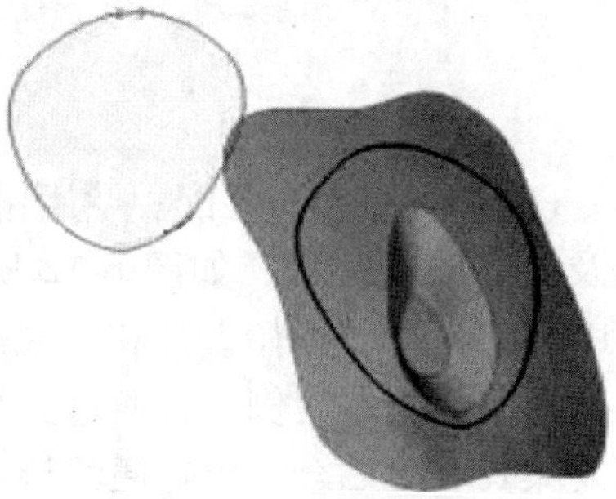

图 6-9　裁剪精修

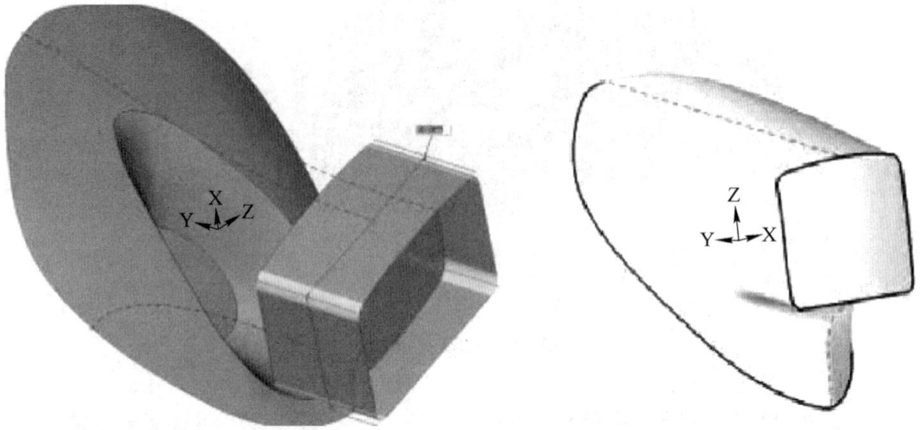

图 6-10　尺寸设计

步骤 3：完成创成式设计的一个方案。

步骤 4：通过改变参数，生成应对不同需求的多种方案并寻找最优解，如图 6-11 所示。

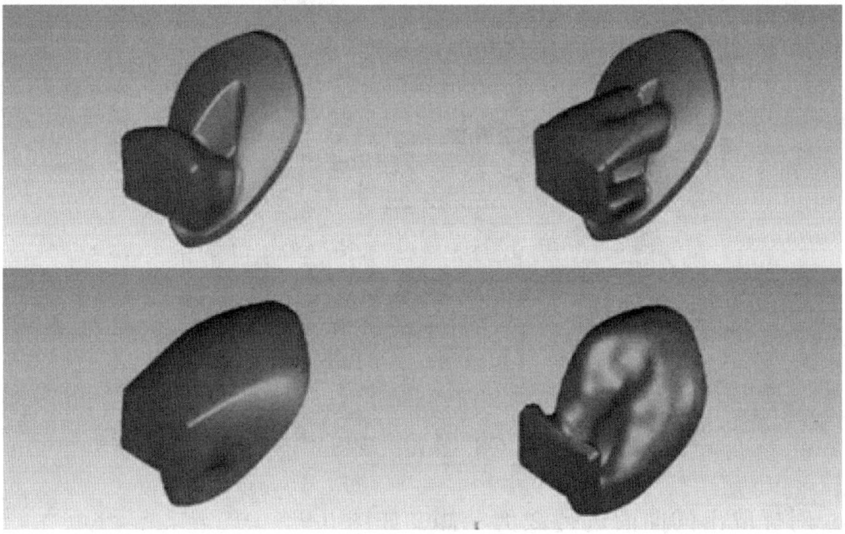

图 6-11　对比图

（5）3D 打印与装配。使用树脂 3D 打印机将最终设计完的头灯支架进行打印—与头盔以及头灯进行装配，如图 6-12 所示；并且完成原始设计和创成式设计造型的对比，图 6-13 所示，以及原始设计和创成式设计重量对比，如图 6-14 所示。

总结：在本案例中，通过三维扫描-逆向设计-3D 打印的手段，使得设计完成的头盔头灯支架具有更贴合、更轻便的特点。本案例充分体现了三维数字技术在定制化、轻量化生产中的优势。

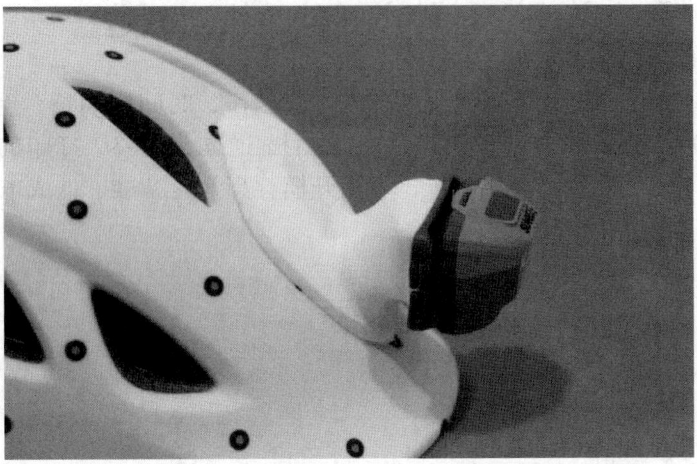

图 6-12　装配图

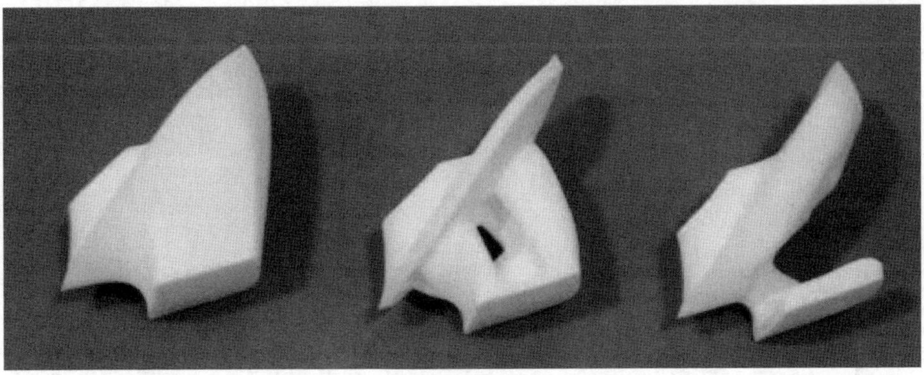

原始设计　　　　　　　　创成式设计A　　　　　　　　创成式设计B

图 6-13　造型对比

原始设计　　　　　　　　创成式设计A　　　　　　　　创成式设计B

图 6-14　重量对比

任务二　停产零件的快速制造

扫码了解
案例详情

已经停产的零部件坏了，采用传统的开模方式制作，时间周期长，生产成本高。采用 3D 数字化解决方案，通过三维扫描-逆向设计-3D 打印的手段，可以实现零件的小批量定制化生产，不用开模，高效、精准、低成本。

参考文献

[1] 成思源，杨雪荣．逆向工程技术［M］. 北京：机械工业出版社，2017.
[2] 张建军，王建新．逆向工程与三维检测技术［M］. 北京：高等教育出版社，2020.
[3] 刘鑫．逆向工程技术应用教程［M］. 北京：清华大学出版社，2013.
[4] 刘丽鸿，李艳艳．3D 打印技术与逆向工程实例教程［M］. 北京：机械工业出版社，2020.
[5] Geomagic Design X 2016 中文培训手册．

参考文献

[illegible]